AR 界面设计

林影落 / 著

电子工业出版社
Publishing House of Electronics Industry
北京·BEIJING

内容简介

本书主要介绍在智能化时代做 AR 界面设计所需要掌握的概念、思维和具体方法。本书通过前景、概念、体系、实操、成长 5 章的内容，介绍 AR 界面设计需要了解哪些内容、掌握哪些概念、如何实际运用，传达在智能化时代，AR 界面设计所处的位置、作用及思考方式。在本书中，通过一个实际的案例分析，读者可了解 AR 界面设计和传统互联网 UI 设计的异同，进而形成新时代设计师的知识体系及核心竞争力。

本书适合期望和已经进入 AR 界面设计领域的产品经理和设计师阅读。

未经许可，不得以任何方式复制或抄袭本书之部分或全部内容。
版权所有，侵权必究。

图书在版编目（CIP）数据

AR 界面设计 / 林影落著．—北京：电子工业出版社，2023.1
ISBN 978-7-121-44601-6

Ⅰ．①A… Ⅱ．①林… Ⅲ．①人机界面－程序设计 Ⅳ．① TP311.1

中国版本图书馆 CIP 数据核字（2022）第 225178 号

责任编辑：孙学瑛　　　　　特约编辑：田学清
印　　刷：北京捷迅佳彩印刷有限公司
装　　订：北京捷迅佳彩印刷有限公司
出版发行：电子工业出版社
　　　　　北京市海淀区万寿路 173 信箱　　邮编：100036
开　　本：720×1000　1/16　　印张：12.5　　字数：245 千字
版　　次：2023 年 1 月第 1 版
印　　次：2023 年 8 月第 2 次印刷
定　　价：89.00 元

凡所购买电子工业出版社图书有缺损问题，请向购买书店调换。若书店售缺，请与本社发行部联系，联系及邮购电话：（010）88254888，88258888。
质量投诉请发邮件至 zlts@phei.com.cn，盗版侵权举报请发邮件至 dbqq@phei.com.cn。
本书咨询联系方式：（010）51260888-819，faq@phei.com.cn。

推荐序一

对林影落印象很深，初识就被她的名字吸引了，虽然知道这应该是笔名，但也不由得羡慕她如此有灵气，心想这一定是一个特别文艺、热爱生活的女孩子。

几年前，我出于兴趣开设了天赋课，以帮助更多职场人挖掘天赋。林影落是我的第一批学员中的一员。我发现她文笔很好，喜欢写东西，就鼓励她开通了公众号。从那个时候起，她开始写智能化和AR界面设计方面的内容。

不久前，她邀请我给这本书写序，这让我既惊讶又惊喜。惊讶的是，没想到她进步这么快，短短两年就从开始写公众号到出书；惊喜的是，她一直在默默坚持，终于把写作的念头从一颗小种子培养成了一棵小树苗。可见，成长和写作真的是只要开始做就效果显著。

我曾经也是一个老互联网设计人，人生中的第一份职业就是交互设计（也有称体验设计、界面设计等），后来转入产品、增长领域，现在又开始创业培养天赋/心理咨询师。很多人觉得我一直在跨界，而且做的东西毫不相干，其实真正在这个领域做得好的人都会明白：交互设计不仅是一个职业，更是一项基础能力。如果把这项能力培养好，未来做什么都不难。

因为你无论做什么，都需要懂用户，有分析数据和标准化输出的能力，有缜密的逻辑思考能力和细腻的情感洞察能力。正因为我具备这些底层能力，所以后来无论进入哪个新的领域，我都能做出一些不一样的东西，让同行为之侧目。如同最近流行的"新木桶原理"，在这个新时代，我们所要关注的不是短板，而是长板。

交互/界面设计能力，就是这样一块放到哪里都熠熠生辉的长板。影落正是一个拥有这块长板的不折不扣的"斜杠青年"，她不仅专业能力强、擅长写作，而且兴趣爱好广泛，业余时间还学习了其他感兴趣的技能，四处开花。这当然也得益于她在多年设计经验中培养出的优秀底层能力。

当然，优秀的人绝不会只是自己优秀，必然会用自己的能力帮助更多的人。

如今AR领域非常火热，按照发展趋势，它还会持续火热下去，由此也催生了不少新的相关职业，不少设计师纷纷投身其中，但市面上很难找到相关的书籍。俗话说"隔行如隔山"，同样是设计，在不同领域，工作方式也会有不小的差别。而影落的这本书恰逢其时，为想从事AR界面设计的朋友们提供了很棒的系统化参考。

非常钦佩影落的前瞻性和行动力，她不仅踏上了这样一条好的赛道，同时还通过大量的学习和实践有所输出，赋能行业。这是一本理论丰富且注重实战落地的好书，希望有AR领域更多的从业者或者对AR领域感兴趣的人能够读到它。

刘　津

京东金融前用户体验总监，《破茧成蝶》系列、《人人都是增长官》等书作者

推荐序二

作为本书作者的同事，我能够提前拜读这本面向AR界面设计的总结和思考，感到非常荣幸！

技术发展日新月异，回想过去数年历经的多个"元年"——2012年穿戴式设备元年、2016年VR元年、2018年智能音响元年、2021年元宇宙元年，无论技术如何演进，绕不开的一个话题就是"人机界面设计"，我认为它是最能体现一个产品乃至一个企业对"用户体验"的关注。一款产品无论加持了多少高精尖的技术，如果不能让用户可靠、便捷、自然地进行交互，都很难成为一款好的产品。期望这本书的出现，能够引发业界对AR界面设计（即笔者定义的AUI）的深入研究，开启AUI专业化的"元年"。

我们绝大部分人应该非常熟悉智能手机、平板电脑及计算机上的人机交互界面，或采用鼠标键盘，或采用触控屏，或采用语音，可以在显示屏幕的二维空间内获取信息、学习/办公、放松娱乐等。当体验了AR后，我们发现交互体验升维了——它不再局限于一个平面这样的方寸之地，而是一种立体的无边界的体验。这其实就是我们再熟悉不过的与真实世界的交互体验，不同的是，通过AR引入了虚拟元素，这些虚拟元素或跟真实世界有某种关联和映射关系，或跟用户有某种关联和映射关系，形成了一套"虚—实—人—机（设备）—场（环境）"的有机系统，通过精心的AUI设计，以虚强实，可以让用户更好地认识世界、提升效率，进而促使AR融入人们的生产、生活的各个环节。

什么是AR？什么是AUI？AUI设计过程中有哪些要点？AUI设计师的核心竞争力如何形成？翻开这本书，你会发现它涵盖了非常多的与交互设计相关的理论知识和模型，并把很多枯燥的技术图文并茂地进行了深入浅出的阐明，更珍贵的是，书中收录了来源于一系列从设计实践中汲取的真知灼见。无论是对于身为AR技术爱好者的你、致力成为AUI设计师或AR产品经理的你，还是作为研发工程师的你，相信都可以从这本书中收获对你有价值的内容！

张麦伦

联想研究院上海分院业务拓展总监

推荐序三

近两年，元宇宙如火如荼地进入大众视野。作为从业多年的先行者，我们常常在"点"上向新加入者分享我们的见解。但因为元宇宙本身是一个"森林"，从前到后是一个非常长的价值协作链条，需要成体系地学习和了解，所以，本书来得恰逢其时。

作为一个AR界的老产品经理，我向计划入门元宇宙的产品经理或者设计师推荐本书，大家可以把本书当作科普书，甚至指导工具书来使用，理由有以下几个。

其一，本书的作者林影落在屏幕内交互方面是非常有经验的。她在做AR之前就一直从事人机交互方面的设计工作，让我印象深刻的是她成体系的标准输出能力。

其二，从屏幕进入空间，本书的成书背景基于多款AR产品和项目的实战总结，其内容是经历了实战成果检验的方法论。

其三，本书包括从概念到AUI的设计体系详解，还涉及实操指导，是完整的空间视觉交互设计体系，可以帮助希望了解此领域的设计师尽快上手。

希望更多的元宇宙建设者和潜在建设者均能从本书中受惠，未来同行。

蒋建平

亮风台HiAR高级产品总监、高级产品专家

推荐序四

如果AR界面设计是一座令我们向往的城市,本书就是一份清晰的地图。无论是浮光掠影地跟团游览,还是自助深度游览,这份地图都能帮助我们按自己的节奏设计路线。

很荣幸能够提前阅读本书,让我作为该领域的入门者,第一次参加XR项目时就得心应手。还记得项目开始之前,我曾尝试做一些准备,虽然我对自己的专业能力非常自信,但实在不知如何将自己的专业知识运用到这个陌生的领域。面临诸多碎片知识和技术文献,我毫无头绪,不知从哪里开始,已有的技能可用在哪里,哪些是要补课的新知识,我仿佛将要进入一座处于迷雾中的城市。而这本书就像地图一样,让我在短时间内找到了答案。

本书知识架构清晰,举例有趣易懂,让我明白,原来AR并不是我之前想象的完全陌生的领域,而是在现有的知识树上发展的新技能,只是转换一下视角而已。

在本书的引导下,我很快适应了项目,既能和互动设计的标准接轨,又在创作过程中找到了乐趣,甚至拓展了事业方向。

值得一提的是,本书的作者对心理学研究颇深,从变化时代中设计师的竞争力扩展到个人的核心竞争力,并对这些竞争力做了有趣的思考和分享,仿佛和朋友喝茶间轻松谈及,又值得细细品味。

如果你想在自己的知识树上解锁新技能,进一步了解这个领域,那么我想这本书是一个很好的开始。

三兔
澳籍华裔自由设计师、电影分镜师

前 言

自2017年年末正式进入AR界面设计领域以来，我在网上断断续续地写过许多自己在做AR界面设计时的心得体会。后来，在刘津老师（《人人都是增长官》等书作者）的鼓励下，我开通了一个公众号，主要写智能化和AR界面设计方面的内容，几乎也是同时，我兴起了写这本书的念头。

那是2020年的夏天，而写完这本书的时候，刚好是两年后的夏天。

我在写作的过程中，经常被一些新进入AR界面设计领域或者对AR界面设计感兴趣的同学问及"有哪些书籍可以系统地学习AR界面设计"。但是，现在市面上的大多书籍和课程都是偏向技术侧的，对于这个新兴的细分领域，很少有完整介绍该领域内容的书籍。这大概也遵循着界面设计的发展规律——技术奠定了基础，设计再推动着技术更快、更好地运用。

在本书中，我梳理了在做AR界面设计时需要了解的知识，总结了个人的经验。如果你想知道做AR界面设计究竟要了解和学习哪些内容，在这个领域做设计究竟要构建一个什么样的知识体系，它和传统互联网的界面设计到底有哪些不同，欢迎你和我一起踏上学习的旅程，本书中也许有你想知道的答案。

本书共分为5章。第1章通过技术和界面设计的发展历史，展望设计的前景，在这一章中我会和大家聊一聊如今炙手可热的元宇宙概念。第2章正式进入AR界面设计的旅程，介绍从AR概念的界定到做AR界面设计需要了解的知识点。第3章基于第2章中介绍的概念构建一个人机交互的知识体系，在这一章中我运用了一些认知心理学的基础知识构建这个体系，因为自然交互的发展，必然要求未来的界面设计更加充分地了解人们的天性和常识。第4章则是实操讲解，借由一个项目来介绍如何在实际设计中运用之前的概念，在这里，我总结了AR界面设计的3个小步骤，以及将这3个小步骤融入我们现有整个设计流程后的注意事项。正如我在本书中一直强调的，做AR界面设计并非从零开始，而是需要在已有的设计知识和经验上迭代升级。在第2章、第3章、第4章的末尾，我分别用一张图整理了该章的知识要点，以便大家学习或查阅。在第5章中，我们一起来谈谈成长，看看应如何更好地形成自己的能力，以此来面对这个不断发展的新兴领域和未来的元宇宙时代。在第5章的末尾，我给出了做AR界面设计常用的一些学习资源和软件技能。

界面设计的历史不长，但它的确是一个值得长期探索的领域，其包含的内容要比我们看到的界面大得多。我们常说的界面体验，不过是界面设计背后包含的内容通过界面展示并且让人们感知到了而已。界面设计的内容需要许多人共同努力去完成，需要多个学科知识的碰撞和综合运用才能逐渐产生变化，尤其是在如今的智能化进程中，需要用户、技术和社会环境三方面（详见许为教授的"三因素创新模型"）的共同努力才能够更好地推动体验和创新设计，让机器与人的视觉接触逐渐符合我们对未来界面的期望。我很期待，当AR及更多元宇宙技术加入后，界面会发生的化学反应。希望本书能够带你一起，开始这段未来界面的探索之旅。

最后，感谢公司给了我许多AR及智能化项目的设计机会，让我能够快速积累相关的经验和尝试验证一些新的想法，也感谢这些年和我合作的同事，从不同角度、不同专业产生的思想碰撞给了我许多关于AR界面设计的启发，帮助我完善了许多的设计概念和方式，也填补了我在其他专业领域的知识空白。可以说本书的绝大部分内容，都是在这些实际设计的过程中逐渐形成的。同时，感谢本书的责任编辑孙学瑛老师，如果没有她的耐心指导和鼓励，这本书成书的时间，大概还要在下一个夏天吧。

读者服务

微信扫码回复：44601

加入本书读者交流群：

一、不定期获取本书相关领域资料和资源，以及作者课程优惠券

二、有机会获得作者每月一个免费1V1咨询名额

三、获取【百场业界大咖直播合集】（持续更新），仅需1元

目 录

第1章 前景   1

    1.1   为什么介绍前景   2
    1.2   技术的发展   3
    1.3   UI的发展   7

第2章 概念   9

    2.1   什么是AR   10
        2.1.1   AR的概念   10
        2.1.2   AR、VR、MR的区别和联系   11
    2.2   两种显示方案   13
        2.2.1   视频显示方案   13
        2.2.2   光学显示方案   15
    2.3   什么是AUI   16
    2.4   AUI的构成：虚像和实像   19
        2.4.1   虚像和实像里的设计元素   19
        2.4.2   用户所见场景里的虚像和实像   21
    2.5   AUI的4种分类模式   23
        2.5.1   第一个参考系：世界   26

2.5.2	第二个参考系：用户	32
2.5.3	4种分类模式的共用和转换	39
2.6	AUI的内容显示模式	43
2.6.1	融合虚拟	44
2.6.2	孪生虚拟	44
2.6.3	沉浸虚拟	45
2.7	AUI的操作交互方式	46
2.8	AUI的3个设计要点	51
2.8.1	距离	52
2.8.2	朝向	58
2.8.3	色彩	61

图2-53　与AR界面设计相关的概念　　　　　　　　　　66

第3章　体系　　　　　　　　　　67

3.1	人机触点AUI	68
3.1.1	UI触点	68
3.1.2	触点的意义	71
3.1.3	智能化的触点：AUI	73
3.2	触点两边之：机器	75
3.2.1	机器模式	75
3.2.2	AUI相关技术点介绍	76
3.3	触点两边之：人	84
3.3.1	心智模式	84
3.3.2	视觉系统	88
3.3.3	听觉和触觉	92
3.3.4	注意力	95
3.3.5	知觉特性影响	103

3.3.6　记忆中的心理表象　　　　　　　　　　　　　　　108
　　　3.3.7　推理与判断　　　　　　　　　　　　　　　　　　111
　　　3.3.8　情感：人的不理智给界面设计带来的"捷径"　　　114
　　　3.3.9　用户模式　　　　　　　　　　　　　　　　　　　119
　3.4　两个相似的系统　　　　　　　　　　　　　　　　　　　120
　3.5　双环结构　　　　　　　　　　　　　　　　　　　　　　123
　3.6　第三个模式　　　　　　　　　　　　　　　　　　　　　126
图3-40　双环结构与相关知识点　　　　　　　　　　　　　　　128

第4章　实操　　　　　　　　　　　　　　　　　　　　　129

　4.1　一个项目　　　　　　　　　　　　　　　　　　　　　　130
　4.2　一套方法　　　　　　　　　　　　　　　　　　　　　　132
　　　4.2.1　3个步骤　　　　　　　　　　　　　　　　　　　132
　　　4.2.2　将3个步骤整合到完整的设计流程中　　　　　　　138
　4.3　是叠加而不是重构：新时代的设计师知识构建　　　　　　154
图4-16　实操与概念运用体系　　　　　　　　　　　　　　　　155

第5章　成　长　　　　　　　　　　　　　　　　　　　　156

　5.1　世界由不断变化的事件组成　　　　　　　　　　　　　　157
　5.2　AUI设计师核心竞争力的形成　　　　　　　　　　　　　158
　　　5.2.1　确认核心　　　　　　　　　　　　　　　　　　　161
　　　5.2.2　形成竞争力　　　　　　　　　　　　　　　　　　165
　　　5.2.3　不断进化　　　　　　　　　　　　　　　　　　　168

参考文献　　　　　　　　　　　　　　　　　　　　　　　　　181

第1章

前 景

当我们看向未来的时候，未来的界面是怎样的？你的脑海里会出现一幅什么样的景象？

我想，你的脑海里，或许有AR的一席之地，信息跃然空中，如图1-1所示。

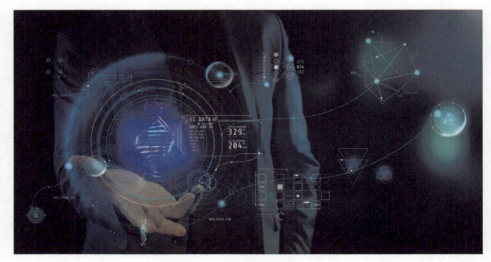

图1-1　信息跃然空中

1.1　为什么介绍前景

不知道你因为什么而翻开本书，也许是因为好奇，也许是因为感兴趣，也许是因为你想进入这一细分领域，也许是因为你正在从事这一领域的UI（用户界面）设计工作。

无论出于什么样的原因，要有更好的收获，最好的动力只能来源于自己。在本书带你开启AR的UI设计旅程之前，我希望我们能简单地探索一下"为什么"。

为什么要做这件事？为什么要翻开本书？为什么需要关注这个领域的设计？

近几年，移动互联网的红利逐渐消失，如日中天的游戏行业经历长时间的版号停发，曾经风头十足的互联网金融平台连续暴雷、清算；2020年，受新型冠状病毒肺炎疫情的影响，全球旅游娱乐行业愁云惨淡，到如今也没有完全缓过劲来；教培行业全面改革，机构裁员，门店关闭，相关产品下线……各种不确定性都有可能带来风险。

创办了亚马逊的杰夫·贝索斯曾说过：总有人问未来十年会有什么样的变化，但很少有人问未来十年什么是不变的。我认为第二个问题比第一个问题更重要，因为你要把战略建立在不变的事物上。你觉得未来十年什么是不变的呢？我想，至少人类科技发展的趋势是不会变的，它一直在引领着社会向前发展。这是一个不断发展的时代，AR是一个不断发展的领域，广受热议的AR一直是创新科技中打开的一扇窗，等待着我们去探索。

了解与AR相关的技术和UI的整体发展趋势，有助于我们对自己当前所处的位置有更深的体会，同时也有助于我们找到更清晰的方向、产生更强大的动力。

希望本书后面的内容，能在你前进的路上尽可能多地提供帮助。

1.2 技术的发展

自20世纪50年代第一台电子计算机在美国宣告诞生，信息技术的发展日新月异。20世纪90年代，互联网逐渐进入我们的日常生活，在从Web 1.0到Web 2.0技术的发展过程中，技术核心关注的内容从信息传递扩展到人的连接，大大小小的门户网站兴起，雅虎、新浪、百度等门户网站成为引领第一批网民入门的重要角色。随后，彩信等多媒体社交短暂流行。紧接着，随着21世纪的到来，4G通信技术日益成熟，互联网产品从PC时代过渡到移动互联网时代，大批移动应用（App）涌现，它们几乎改变了我们的生活方式。

如今，随着通信基础技术的提升，5G技术正在完善，信息技术促进产业变革的时代已经到来，智能化成为当前变革的关键特点。而这一时期，也被人们称作产业互联网时代、工业4.0时代、智能时代、物联时代，以及元宇宙时代。

互联网发展进程表如表1-1所示。

表1-1　互联网发展进程表

阶段	特征	起始年代	变革特点	代理机制	代表性应用	通信基础	群众普及率	社会纽带
1	基础技术	20世纪60年代	军方项目	RFC（1969年）	包交换	有线电话	—	无连接
2	基础协议	20世纪70年代	技术社区形成	ICCB（1979年）	TCP/IP	有线电话	—	几乎无连接
3	基础应用	20世纪80年代	学术界全球联网	IAB9（1984年）、IETF（1986年）	电子邮件	有线电话	0.05%及以下	弱连接

续表

阶段	特征	起始年代	变革特点	代理机制	代表性应用	通信基础	群众普及率	社会纽带
4	Web 1.0	20世纪90年代	商业化	ISOC（1992年）、ICANN（1998年）	门户	有线宽带	0.05%～4%	弱连接
5	Web 2.0	21世纪初期	媒体形式变化	WSIS（2003年）、IGF（2006年）	社交媒体	2G、3G	4%～25%	较强连接
6	移动互联/Web 2.0	21世纪10年代	生活形式变化	UNGGR、NETmundial	App	4G	25%～50%	强连接
7	智能/物联/元宇宙/Web 3.0	21世纪20年代	社会形式变化	AI 代理	AI	5G以上	50%及以上	超强连接

注：群众普及率涉及不同的数据来源，数据本身为非精确计算结果，仅供参考。

元宇宙

2021年被称为元宇宙元年，元宇宙（Metaverse）由前缀"meta"和词干"verse"组成，"meta"表示超越，"verse"是宇宙（Universe）的意思，本身并非指某一种技术，而是描述将多种技术整合后，一个互联网未来形态的概念。

"元宇宙"这个词最早出现在1992年尼尔·斯蒂芬森创作的《雪崩》一书中，这本书描述了一个平行于真实世界的虚拟世界——Metaverse，所有现实生活中的人都有一个网络分身，人们用这个网络分身在虚拟世界里工作、生活、娱乐……这是一本"赛博朋克"小说。其中，赛博，代表高科技，富有科技感；朋克，则来源于一种音乐形式，有着叛逆和抗争的内涵。赛博朋克类作品的背景大多是在"低端生活与高端科技结合"的基础上构建的，里面的世界两极分化严重，在人类科技高度发展、摩天大楼林立的超级都市的表面繁荣下，却充斥着犯罪、混乱、失序，以及人们的痛苦和挣扎。《雪崩》小说也是一样的，它的真实世界是建立在21世纪的西方国家："人想干什么就干什么，你觉得有什么不妥？大家都有权为所欲为，而且人人有枪，没有谁能阻止人们胡作非为……""好在这里有一个完全沉浸式的虚拟环境，为绝望国家里的所有人提供一个机会——短暂逃离无法忍受的现实。这个虚构之地，就是元宇宙。"

这就是《雪崩》小说里的元宇宙。它代表着对现实的逃避与抗争，但这似乎并不是我们所应该期待的元宇宙。

无论如何，当前许多对元宇宙的定义由此衍生而来，大多倾向于一个可感知的虚拟平行空间。比如，"元宇宙是把网络、硬件终端和用户囊括进来的一个永续的、广覆盖的虚拟现实系统""具备新型社会体系的数字生活空间""一个平行于真实世界运行的人造空间""本质是一个平行于真实世界的在线数字空间，其核心是由虚拟现实技术所构建的虚拟世界"等。

虚拟现实（Virtual Reality，VR）技术虽然使用在游戏上，给我们带来了非常好的感官体验，但是直到现在，我们依然能清晰地分辨游戏中的虚拟世界和现实中的物理世界的区别。当技术发展到能完美连接我们的视觉、听觉、触觉、嗅觉、味觉等所有感知世界的感官时，我们还能清晰地分辨虚拟世界与物理世界吗？这个问题不禁让人想起电影《黑客帝国》中，主角托马斯被从自己原本身处的世界被叫醒的那一刻。

元宇宙最初的概念，就是在描述远超当前游戏感知的"游戏"，或者说，是由技术创造的另一个世界，一个可以独立于物理世界而存在的虚拟平行空间。理论上，这个虚拟平行空间可以完全替代真实世界。我们可以仅仅存在于依靠科技所构建的虚拟世界中，甚至一直存在于这样的世界中，但这必然会带来许多伦理问题。

如今，元宇宙的概念被进一步扩大，风险投资家 Matthew Ball 提出元宇宙必须具备跨越物理世界和虚拟世界的关键特性。未来，它也不会仅仅是和物理世界平行的，而是虚实空间的交互与融合发展。总体来讲，这个概念本身严格的定义还没有成形。

元宇宙并不是指某一种技术，而是一个技术群，是对包括人工智能在内的许多信息技术的综合运用，是将机器识别、区块链、云计算、大数据、5G，甚至6G、7G等技术进行连接与创造的技术群，不仅能促进现有技术的升级，也可能促进新技术的出现。

阿里巴巴达摩院的XR实验室负责人将元宇宙从技术建构上分为以下4层。

- 第一层是全息构建，呈现在用户面前的是由虚拟内容构建的整个世界，可以将其理解为以VR为中心的技术。
- 第二层是全息仿真，也就是数字孪生，将物理世界的内容尽可能以虚拟形式呈现。
- 第三层是虚实融合，是基于物理世界构建高精度三维地图，并且在地图中准确实现虚拟数据信息的叠加,这也是本书所涉及的AR部分的主要内容。
- 第四层是虚实联动,可以改变虚拟世界的内容,从而改变物理世界的内容。

每一层的技术逐步深化,构成了整个元宇宙形态。其中,从二维界面到三维场景这种大大扩展了用户体验的人机交互技术,也必然作为元宇宙的关键技术成为研究重点,其中实现这种界面交互的XR技术承担着重要的角色。

对于元宇宙产业来说,按照业内最常引用的、由游戏公司Beamable的CEO(首席执行官)Jon Radoff提出的7层次划分,由外向内依次为体验层、发现层、创作者经济层、空间计算层、去中心化层、人机界面交互层和基础设施层,这7个层次又可以按照板块分为硬件和设施、软件和支持、服务性体系、应用和内容四大板块,这是整个的产业链成果,是一个新的经济体的诞生。元宇宙产业链7个层次和四大板块划分结合图如图1-2所示。

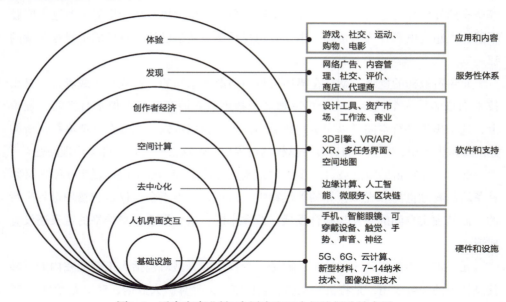

图1-2 元宇宙产业链7个层次和四大板块划分结合图

从产业链的整个图景来看,元宇宙也是为了让我们更好地理解和生活在现有的真实世界里而构建的,是与物理世界的共创,而不是替代。在图1-2中,我们能清楚地看到XR技术存在于其中。AR是这个经济体里面的一个重要支点,如何在这样的架构中充分考虑元宇宙的多样性,通过AR的可视化方式构建以用户为中心的新型感知体验,是我们要探索的问题。

总体来讲,物理世界和虚拟世界合二为一,它们共同创造出一个崭新的环境、一个崭新的世界,并逐渐形成一个新的社会文化体系,你可以称之为元宇宙,也可以称之为别的什么。这是人类科技发展所带给我们的未来，是智能化发展所带来的一种新的生态。

1.3　UI的发展

UI是User Interface（用户界面）的简称。

在正式介绍用户界面发展之前，先让我们回到20世纪70年代。那个时候计算机屏幕的界面内容全部是代码行，任何一个简单的指令都需要靠直接输入代码来完成。这样的代码界面一直持续了10年，到了20世纪80年代，美国的施乐帕罗奥多研究中心（Xerox PARC）创造了第一个图形用户界面（Graphic User Interface，GUI）。

随着科技的发展，仅仅着眼于用户界面的图形部分显然已经不能满足用户对计算机的期望，UI被认为应该包含用户在使用电子产品时彼此产生的任何互动，从界面到触屏、键盘、音效，甚至光效。这个时候，UI这个概念已经不仅仅指User Interface，而已经延展到User Interaction，类似于同期由比尔·莫格利奇和比尔·韦普朗克两位设计师提出的交互设计，但又不完全等同于交互设计。

20世纪末至今，互联网时代的兴起使得UI设计的需求日益增长及扩大，形成了如今我们看到的整个用户体验行业。

"用户体验"（User Experience，UX/UE）这个词是由认知心理学家和设计师唐纳德·A.诺曼在20世纪80年代提出和推广的。他对我们之前所描述的UI的定义再次进行了扩展，使其形成了一个新的概念。这个概念囊括了用户与产品产生关系的方方面面。

简单来说，UI的发展可以分为以下3个阶段。

（1）**代码行或命令行阶段**。在早期无界面时，用户主要采用二进制代码来和机器进行艰难的交流。初期有了屏幕界面后，用户的人群范围依然局限在科学家、研究员和程序员范围内，他们需要记忆许多的命令并且不断学习，以获得和计算机交流所需要的知识。

（2）**GUI，也就是图形用户界面的阶段**。从这个时候开始，人机交互由人适应机器走向了机器适应人的阶段。从桌面应用到网站界面，从键盘手机界面到触屏手机界面，随着技术的发展、市场的需求，设计师的职业领域顺着行业发展的脉络而变得越来越广泛，形成了如今名词繁多、定义模糊的GUI设计师、UI设计师、交互设计师、多媒体设计师、产品设计师、体验设计师、全栈设计师、B类设计师……

（3）NUI，自然交互的智能人机交互阶段。依托技术的发展和成熟，我们有能力构建更符合用户习惯的智能化产品。从ToC到ToB，这是一个循序渐进、全面覆盖的体验进化过程。

NUI自然交互界面

NUI（Nature User Interface），直译是自然用户界面。这里的用户界面，不单单指人在与机器交流时所见的部分，而广泛指的是用户在体验过程中的行为和感受。触控、眼神、语音、手势等，都是自然交互过程中所使用的交流手段。所有的输入和输出技术都可以为创建更自然的用户界面提供机会，NUI则充分地利用现代技术及未来技术的潜力，更好地反映和提高人类的能力。

在字典里，自然的含义有自然界、天然、非人为、理所当然，人的自然本性和自然情感等。英文单词"Nature"来源于拉丁文，有天地万物之道的含义。

不管从哪个角度来看，自然的意思就是回归本源，用户与机器的交流不必再去适应新的事物，遵循自然界原本的规则即可。但机器本来不是自然界的事物，是人为创造出来的，如何让机器回归自然，遵循人类数万年历史遗传下来的、与事物自然而然的交流规则，就是NUI所要探讨和研究的话题。

这是一片技术的丛林，是多种技术融合共生的元宇宙，是UI需要探索和发展的新方向。人工智能、机器识别、大数据、云计算、区块链、5G/6G……在这样一片技术的丛林中，AR作为一种新兴的信息呈现方式，受到了许多的关注。

凡所看之处，皆可成为界面，这是AR可以寄予界面的迭代，应运而生的是一个新的UI设计领域，我称它为AUI，即Augmented User Interface，你也可以理解为Augmented User Interaction。

NUI是一个体系的成果，单纯的AUI解决了我们所看界面的形式问题，但要让AUI"活"起来，需要从点到面形成完整的自然交互体验，同时还要结合语音交互、手势交互、触控交互等。这个过程所依托的不仅是一种技术或一些技术，而是元宇宙所描绘的技术群。

在本书中，我们先从AR开始，聊一聊AR界面设计的那些事情。

第2章

――

概　念

2.1 什么是AR

2.1.1 AR的概念

AR（Augmented Reality）就是我们常说的增强现实，是将计算机生成的虚拟信息叠加到用户所在的真实世界的一种新兴技术。对于AR，一般通用的定义有两种。一种是北卡罗来纳大学的罗纳德·阿祖玛（Rnald Azuma）教授对AR的定义，即以虚实结合、实时交互、三维注册为特点的系统。一种是保罗·米尔格拉姆（Paul Milgram）和岸野文郎（Fumio Kishino）提出的现实–虚拟连续系统，他们将真实环境和虚拟环境分别作为连续系统的两端，位于它们中间的被称为混合现实。其中，靠近真实环境的是增强现实，靠近虚拟环境的则是扩增虚境。

对于AR，我倾向于引用来自罗纳德·阿祖玛的定义，这也是本书所描述的AR。罗纳德·阿祖玛作为AR的先驱者，从20世纪80年代在加州大学读本科的时候就开始了对AR的探索。罗纳德·阿祖玛认为AR有3个主要特点：虚实结合（Combines Real and Virtual）、实时交互（Interactive in Real Time）、三维注册（Registered in 3D）。

- 虚实结合：由我们自己设计和呈现的虚拟内容要和真实世界有连接，这是AR区别于VR的关键。这个特点主要回答"AR看起来是什么样子的"，也就是"AR是什么"的问题。
- 实时交互：提供人与虚拟世界的实时交流反馈。这个特点主要回答"AR能提供什么"，也就是"AR未来的发展方向"的问题。
- 三维注册：基于这种技术，计算机能够获取AR的位置，以及与真实世界的关系。这个特点回答"AR怎么解决自己的位置，以及同这个真实世界的关系"，也就是"AR的当前位姿从哪里计算得来"的问题。AR在真实世界中的展示位置和姿态取决于计算机获取到的外部信息。

通过上述3个主要特点，我们得到一个简单回答了AR领域"是谁、去往何处、来自何方"的定义，如图2-1所示。

这3个问题被誉为哲学的"终极三问"，最初源自古希腊哲学家苏格拉底。

很久以前，在古希腊一座遥远的海岛上，苏格拉底望着辽阔的海洋和苍穹，喃喃自问道：我是谁？来自何方？又去往何处呢？这3个问题询问的不仅是人，也考验着世界上每一个事物的存在意义，AR也不例外。我们花时间和精力去发展和探索AR

技术,其实无外乎也是在寻找这3个问题的答案。

图2-1 AR定义的3个关键词

虽然罗纳德·阿祖玛对AR的这个定义在未来不一定就能保证正确,但至少这个定义回答了3个问题——AR到底是什么?应该提供什么价值?基于什么而存在?

2.1.2 AR、VR、MR的区别和联系

VR(Virtual Reality,虚拟现实)是指一个全部由虚拟内容构造的仿真世界。图2-2简单地表述了保罗·米尔格拉姆和岸野文郎提出的现实-虚拟连续系统,VR在这个连续系统的一个极端,即图2-2的右侧,它和我们现实中的物理世界完全无关。

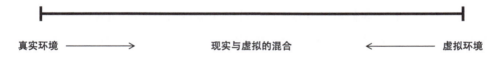

图2-2 从真实到虚拟

为了强调技术的先进性,单独将MR(Migrated Reality,混合现实)提出来可以说明虚拟信息的融入而非信息的单纯叠加显示。

为了统一概念,本书用AR来包含MR,即本书所指的AR既可以单纯地叠加信息,如图2-3左图所示的标签信息,也可以作为世界的一部分融入真实的物理世界,如图2-3右图所示的虚拟家具摆放轮廓及位置的体现。简单来说,在本书中,你可以将AR和MR理解为同一种事物,都是将虚拟内容和真实内容一起显示的。

AR和VR也并不像一般人想得那样泾渭分明,它们都可以基于智能手机来实现。图2-4左图所示为使用苹果手机开发的一款AR应用的场景图,下载应用后即可使用手机体验。图2-4右图所示为将运行VR应用的手机装入Cardboard来体验VR的场景,这是一种非常经济和简单的方式。目前,谷歌Cardboard官方网站已经有各种样式的Cardboard在出售,同时谷歌鼓励用户自己利用硬纸板等材料制作。当然,因为涉及硬件的支持,所以并不是所有手机都可以开发AR或VR应用。

图2-3　单纯地叠加信息和将虚拟信息融入真实的物理世界

图2-4　以手机为载体的AR或VR应用场景

　　除了利用手机，我们也可以在专门制作的头戴设备上进行AR或VR的体验，目前市面上有很多AR或VR的设备厂商。在AR头戴设备里，微软的Hololens至今仍占据着行业标杆的位置，第二代相较于第一代增加了更强大的手势操作、眼动追踪等技术支持，可以提供更接近于未来期望的虚实融合体验。又如，联想的ThinkReality A3，相较于一般AR眼镜，拥有更接近于普通眼镜的小巧外形，可通过USB数据线与特定的联想设备连接以实现虚实结合的画面。再如，Rokid的Glass 2，拥有8小时续航能力和免唤醒语音识别，曾经风靡一时，如今转型B端的Magic leap与现实高度融合的宣传概念，结合三维视觉的动态展示吸引了不少关注。在VR设备里，经常被人提起的有从Oculus改名为Meta的 Quest2 VR眼镜、HTC的VIVE Pro2和轻巧型VR眼镜Flow、SONY推出的与PS4连通的PlayStation VR等。总体来讲，VR应用主要集中在游戏领域，而AR的应用还在探索，目前主要倾向于对标B端行业领域。从硬件的形态上，我们也可以发现，VR的设备更加封闭，倾向于让用户屏蔽真实的物理世界的干扰，使其完全沉浸在虚拟世界中。以眼镜为形态的AR（MR）设备Hololens2和VR设备Meta Quest2如图2-5所示。

　　无论如何区分，VR、AR（MR）的界限都正在变得越来越模糊，甚至有观点认为可以将VR、AR、MR划分为一个体系，它们的区别仅仅是显示方案的不同。为了更详细地说明AR界面设计，本书依然区分了VR和AR。AR、VR、MR三者之间的关系如图2-6所示。

图2-5　以眼镜为硬件的AR（MR）设备Hololens2和VR设备Meta Quest2

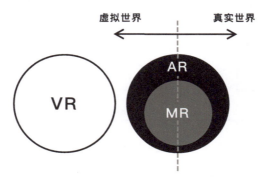

图2-6　AR、VR、MR三者之间的关系

AR和VR是互斥关系，它们的分界点是用户观看的场景内是否有真实部分存在；AR和MR是包容关系，它们都是既有虚拟的又有真实的。虽然概念上对三者进行了区分，但它们之间无论是在设计上还是在技术上都有许多可以互相借鉴的地方。本书主要介绍的是AR界面设计，不过在具体的设计中，也可能需要借鉴VR给用户带来的沉浸式体验的经验，这在2.6节AUI的内容显示模式中会有介绍。

2.2　两种显示方案

由于显示方案技术和界面息息相关，所以我们先来了解一下以下两种显示方案。

2.2.1　视频显示方案

第一种是视频显示方案（Video See-through），从用户的角度来考虑，我把它定义为"让用户通过摄像头捕捉的画面来观察虚实叠加后的场景"的显示方案。说得更直白一点，就是你看的是摄像头拍摄的实时画面，这和你用手机相机拍照时的体验相似，只不过你看到的内容包含实景上没有的虚拟内容。

从图2-7中可以看出来，在视频显示方案里，我们并没有直接看到真实的世界，眼睛直接看到的是显示器里的合成视频。

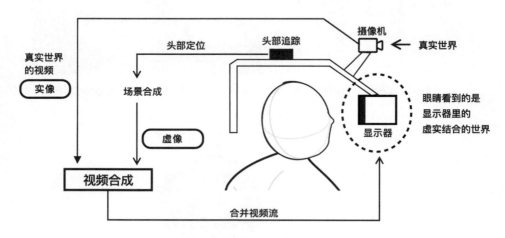

图2-7　视频流头戴显示器概念图扩展

视频显示方案的AR应用因为可以使用手机或平板作为硬件终端，所以普及程度相比光学显示方案的AR应用更高，我们可以在手机上体验很多此方案下的AR应用。比如曾经红极一时的*Pokemon Go*，就能够体现图2-7中所表示的：用户观看的依然是屏幕，只不过观看的内容由摄像头实时拍摄的画面和实时叠加的虚像画面两者合成。

视频显示方案还分为可以进行深度计算的和不能进行深度计算的。只有在可以深度计算的视频显示方案中，我们才可以看到虚拟内容和真实内容之间的前后遮挡效果。图2-8所示为谷歌的ARCore宣传视频截图，左图是没有进行深度计算的显示画面，右图是已进行深度计算的显示画面。

不过，即使融合了已进行深度计算的显示画面，也和我们在科幻电影中看到的、我们真正期望的自然交互有一定差距。现在我们用自己的眼睛看世界，未来我们依然希望至少在主观感知上，是在用自己的眼睛直接看虚实结合的新世界，而不是通过摄像头。当然，这中间还有很长的一段路要走，接下来要介绍的光学显示方案显然是更接近于这种自然交互的显示技术方案。

图2-8　谷歌的ARCore宣传视频截图

2.2.2　光学显示方案

从用户的角度来考虑，第二种光学显示方案（Optical See-through）可定义为"让用户直接观察到叠加了虚拟图像后的真实世界"的显示方案。

从技术上来讲，光学显示方案将显示器上的像素，通过一系列光学成像元件形成远处的虚像并投射到人眼中。如果我们对AR有所了解，看过Hololens的宣传片，甚至亲自体验过，那么会对光学显示有更直观的观感。

相比视频显示方案，光学显示方案更具有前瞻性，也更让人期待。然而到目前为止，这种方案还有很多不成熟的地方，在技术层面也需要不停地探索，以踏出一条通向未来的路，如同进入充满了未知的挑战和机遇的丛林一样。

AR设备的光学显示系统通常由微型显示器和光学元件组成，微型显示器提供显示内容，光学元件负责叠加。

目前，市面上的光学显示系统的组成方案有很多种，包括自由曲面、Birdbath、光波导等。无论是何种方案，它们最终的目的都是希望形成更符合人们理想中虚实结合的画面体验。每种光学显示方案在现阶段都有各自的优势和劣势，都面临"提升就必须牺牲"的困境。比如现在国内常用的Birdbath方案，相比前景被普遍看好的光波导方案，虽然有成本低、成像质量较好等优势，但同时有阻碍视野、透光率低等劣势。

整体来讲，光学显示方案在追求更高的FoV（Field of View，虚像显示的区域），缩小设备的体积、减轻设备的重量同时，还要保证透视扭曲、色差、发热、延迟等问题得到优化，因此这种方案未来也有很长一段路要走。

从图2-9中可以看出，AR需要同时看到虚像和实像，屏幕UI的画面不会被用户直接接收到，需要经过光学组合器处理，和来自真实世界的光线一起进入用户的眼睛,以形成我们在通常意义上所知的虚实结合画面。这就是光学显示方案能直接观察到虚实结合画面的原因。

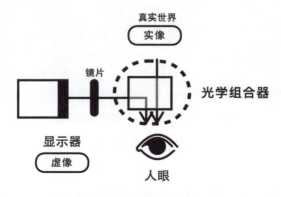

图2-9　基于AR近眼显示系统图的扩展

总体来讲,在做AR界面设计的时候,我们可以根据上述两种显示方案来确定最终的用户体验感受。如图2-10所示,光学显示方案更贴近自然交互,让用户直接观察到叠加了虚拟图像后的真实世界,视频显示方案技术成熟度更高,让用户通过摄像头捕捉的画面来观察虚实叠加后的场景。

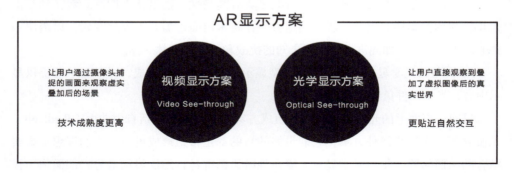

图2-10　两种显示方案

2.3　什么是AUI

界面设计沿着时代的发展脉络来到了提倡自然界面交互（NUI）的阶段。在这个阶段,我们探讨如何让机器回归自然,如何遵循和利用人类数万年历史遗传下来的、与事物自然而然交流的规则。而AR技术带来的虚实结合界面,无疑是其中的一个答案,它代表了自然交互的一个探索方向。

在本书中，为了区别传统意义上的屏幕界面设计，我以AUI作为AR界面设计的缩写，虽然AR界面设计的英文全称应该是"Augmented Reality User Interface"，但我更希望大家可以将其理解为"Augmented User Interface"或者"Augmented User Interaction"。这是为了强调引入环境后，AR技术所带来的一种自然交互方案。这种方案是一种区别于传统屏幕界面设计的新的设计范式。

当智能系统的界面可以引入真实环境后，AR界面设计和传统的屏幕界面设计在理念上存在两个关键性的区别。

第一个关键性区别是深度。在AR界面中，用户对深度有很直观的视觉感知。这种深度不同于屏幕UI单纯用投影、遮挡带来的前后感觉，而是能够带来远近距离感的深度。AUI意味着用户与使用AR界面的智能系统的互动，都会基于这种具有深度的视觉感知来行动。

根据AR技术对应的两种显示方案，我将这种深度进一步区分为视觉深度和确实深度。

- 视觉深度，主要对应前面所介绍的视频显示方案（Video See-through）。在这种方案下，虚实结合界面虽然可以给用户带来远近感觉，但从显示层面来说这只是视觉层面的。即使背后的技术的确计算了深度信息，可以呈现出前后遮挡的画面，这个画面本身也只是合成的视频流，类似于我们通过手机的相机来观看世界。

- 确实深度，主要对应前面所介绍的光学显示方案（Optical See-through）。虚实结合画面带给用户的远近感觉是有真实距离的，用户眼前的世界是一个叠加了虚像的新世界，而不再是摄像头里的世界。在用户的视野范围内是不存在显示器的，显示器里的虚拟内容通过光的折射、反射原理与真实世界里的光线一起进入用户视野。

对于界面设计来说，视觉深度和确实深度除了显示技术的区别，最重要的还是二者在体验感知上的区别。视觉深度仅需要单眼线索就可以感知，而确实深度需要通过单眼线索和双眼线索来共同感知。关于单眼线索和双眼线索，我们会在2.8节详细介绍。无论是视觉深度还是确实深度，深度所带来的空间感都会成为影响AUI的主要因素。

第二个关键性区别是用户所见。在屏幕界面的设计中，我们能够完美复刻用户所见到的界面，但在AR界面设计中，由于真实环境的引入所带来的方方面面的不确定性，导致我们无法在以计算机屏幕为主的设计工具里完美复刻用户所见到的界面。

真实环境的引入所带来的不确定性主要包括两个方面：一个是环境本身的不确

定性，如因为时间和天气带来的光线变化，引起环境内真实物体或人的变化等；一个是用户自身的位置、姿态和行为的变化。因为用户也是在这个场景之中的，他的行为会直接影响他所见的内容，如进行手势操作时，用户的手会出现在界面之中，又如多人视角下，在所见场景中会看到其他用户。

虽然现在已经有人致力于研究AR界面下的设计工具，但就当前的技术发展程度而言，还有很长的一段路要走。而对于以头戴设备为主的光学显示方案，显示虚像的范围相对人眼视场角过小也是导致用户所见与设计设想不一致的原因。这个问题我们会在2.4节继续讨论。

所以，为了区别用户最终看见的界面和我们利用当前工具设计的界面，我更喜欢用"场景"这个词替代前者。对于用户来说，现有环境中原本隐藏在实体背后的信息被虚拟内容表达出来，形成了一个更新、更灵活的环境。而且对于用户来说，这不再是一个界面，而的的确确是一个场景了。

总体来讲，从上述两个区别来看，AUI应该是指有视觉或者确实深度信息的虚实结合的用户所见场景。

也就是说，AUI是需要至少处理一种深度信息，且和真实世界结合的用户所见场景。在这样的场景中，空间深度所带来的物体之间、物体与用户之间的距离感知，用户在不同位置和姿态下的视角朝向所带来的物体形状变化，真实环境中因时间和天气等光线不同所导致的色彩感知变化等都会对设计产生影响，从而成为不同于普通屏幕界面的设计。针对这些不同，设计师需要处理的要点也不同，我们会在2.8节继续探讨。

AUI这个概念是令人兴奋和期待的，之所以如此也是因为AUI设计师最终要设计的是一个场景，这个场景被放大以后，便是一个新的环境。图2-11所示的形式虽然简单，但代表了AR界面所涉及的全部内容，即AR界面设计最终依托元宇宙技术群提供的智能化环境，是正在被构建的一个全新世界。

图2-11　AR界面设计

看到未来，才会更清楚现在的情形；看到全部，才能充分理解一隅的界面。AUI的存在，是我们以设计师的视角探索自然交互的过程，也是我们寻找未来机器与人类关系的过程。

不过，和屏幕界面阶段的设计是一样的，AUI只是一个人机交互的触点，是虚实结合、实时交互、三维注册这3个AR特点所构成的一种界面形式。它本身并没有什么足以称之为"全新"的地方，而需要在整个智能化的时代下才能发挥出自身的作用。触点的概念，我们在第3章继续讨论，接下来我们继续探讨AUI设计的一些基本概念。

2.4　AUI的构成：虚像和实像

在AR的3个特点中，直接与UI有关的就是虚实结合。顾名思义，AR界面里应该包括虚拟景象（虚像）和真实景象（实像）两种内容，这两种内容结合起来，衍生出2.3节在AUI概念里介绍的一个关键点：用户所见场景。

2.4.1　虚像和实像里的设计元素

虚，即虚拟内容，是虚景、虚像。实，即真实内容，是实景、实像。这里说的虚像和实像都是一个整体的概念，所以又可以将其拆分为具体的虚拟元素和真实元素。

以原子设计理论来区分，整个AUI等同于上层的界面，是用户看见的场景。虽然普通用户对真实和虚拟依然会有感受上的区别，但在应用中不会刻意去区分虚像和实像。虚像和实像是将原子理论中上层场景里的所有元素按真实和虚拟分为两类，这两类元素包含了用户所见场景里的所有设计元素，它们又可以按层级分为模块组织、分子单元、原子元素。

模块组织：由按钮、背景、文字等结合组成的模块UI。在AUI里，这个模块可能包含真实的元素，也就是说，真实元素和虚拟元素可以共同构成一个模块组织，如图2-12所示。

分子单元：由2D或3D的按钮、标签、提示等可再拆分的设计元素构成的设计单元。

原子元素：包含颜色、文字、分割线、特效粒子等不可拆分的设计元素。在这里，我们可以将某个场景范围内的真实物体作为设计的一个原子元素。也就是说，只要技术允许，用户使用AR应用时所处环境中的任何真实物体，都可以作为这个界面里的元素被设计。

在用户所见场景里，任何形式的内容都可以作为设计元素。对于设计师来说，真实元素和虚拟元素没有本质的区别。

图2-12　真实元素和虚拟元素共同构成一个模块组织

一些AR界面设计的指南建议虚拟元素尽量保持真实，特别是3D内容要带有更逼真的阴影、更适合的材质等，以便融入整体环境。客观地讲，这也要以应用的设计目标和需求为导向，也许有的场景中正需要一些光怪陆离的内容。但无论如何，在对AR界面进行设计时，都应尽量遵循"少即是多""简约至上"的设计原则。因为真实环境的信息已经在占用用户的认知了，虚拟元素应该成为助力而不应该加重用户的认知负担。

在进行AR界面设计的开始，"场景"就要作为一个关键的概念植入我们的设计中，时刻提醒我们在设计之初就应尽可能将其贴合用户最终所见的内容。场景是为了突出最终所见和我们平时设计界面的区别，强调最后形成的用户所见内容不单是我们设计的那部分虚拟元素，而是和真实元素进行增强后的所有内容，即真实世界本身存在的、用户看见的画面，它们一起被呈现给用户。

前面不用"Augmented Reality User Interface"，而用了"Augmented User Interface"来诠释AR界面设计，也是为了更加突显"虚实结合"这种结合后的画面。虽然我们的着力点只能放在"虚"上，但"实"这一部分，却是让"虚"有存在意义的前提。因为单纯的虚拟界面我们已经用整整二三十年的时间设计完成了。在移动互联网的助力下，无论是我们现在使用的大多数应用和网页的体验，还是设计这些屏幕界面的创作过程，单纯的虚拟界面设计都达到了一个比较令人满意的结果。现在，是时候开启新的界面领域了。

2.4.2 用户所见场景里的虚像和实像

在AUI这个用户所见场景里的虚像和实像的分类，背后分别蕴含的是两个视场角的内容。

视场角又称作视场，即视野范围，英文是"Field of View"，缩写为FoV。在光学仪器中，一般以物方视场角来计算，即以光学仪器的镜头为顶点，成像物可通过镜头最大范围的边缘直径或长边尺寸与镜头的夹角来计算，如图2-13（上）所示。也就是说，视场角决定了这个镜头下可拍摄的场景范围，场景范围大小和镜头的性能有关。若无特殊说明，本书所提到的FoV主要指显示FoV，是以可显示范围的边缘与人眼的夹角来计算的，如图2-13（下）所示。FoV又可以分为水平FoV和垂直FoV。

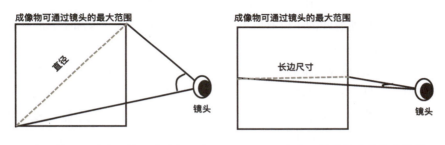

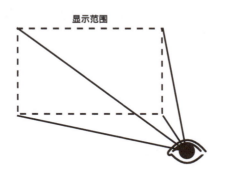

图2-13 镜头FoV（上）和显示FoV（下）

我们知道，人眼的水平视角的极限为230°左右，垂直视角的极限为120°左右。如果我们不转动头部，人眼的平均水平视角为120°左右，垂直视角为55°左右，如图2-14所示。如果把真实的物理世界也看作显示在我们面前的屏幕，那么这个FoV所能达到的区域就是显示真实世界画面的屏幕范围。当然，在这种情况下我们注意力能够关注的焦点区域会更小一些，这也给了我们设计的机会。

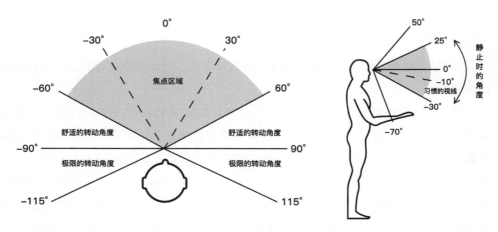

图2-14 人眼的水平与垂直视角图

人的视觉系统所感知的不仅有所见范围,还有成像质量,这和个体的视觉能力有直接关系。人的视力的好坏、对颜色的敏感度等都会影响对所见场景的知觉。因此,人眼FoV及保证成像质量的视觉系统,会形成AUI构成元素之一的实像。

而虚像能够显示的范围和成像效果是和镜头绑定的,也就是说,AUI构成元素的虚像是通过现有技术的显示FoV和成像质量来体现,再基于人眼视觉能力形成的。

图2-15所示为一些使用光学显示方案的AR眼镜显示FoV,可以看到,微软Hololens 2的显示FoV只有43°×29°,依然远远小于人眼FoV。为了让AR头戴设备的显示FoV大一些,一些设备对FoV参数的描述已经开始使用对角线来计算了,这样可使得出的数字显得更大一些。

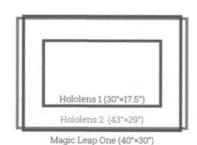

图2-15 一些使用光学显示方案的AR眼镜显示FoV

总体来讲,现有的成像技术和人眼相比依然有很大差距。

在这样的差距下,抛开成像质量不谈,AUI中的虚像和实像,在用户所见场景里就是两个FoV的事情。

在以手机或平板为终端的视频显示方案中,人眼通过镜头观看虚实叠加后的画面,虚像和实像相对于人眼的显示范围相等。但是,镜头的显示性能限制了人眼的性能，用户会在适应通过镜头看世界和人眼直接看世界这两个FoV之间付出成本。

在以头戴设备为终端的光学显示方案中，人眼不再通过镜头观看世界，虚像和实像的感知区别将会更直观地体现在用户所见场景中。用户看见的实像范围，要远远大于虚像可以显示的范围，最终形成了用户所看见的、两种不同范围大小的虚实景象合成后的场景。实像与虚像的显示范围如图2-16所示。

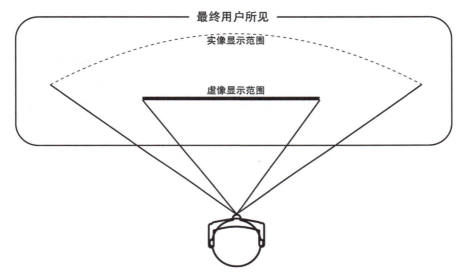

图2-16　实像与虚像的显示范围

虚像可显示范围的FoV大小一直是AR技术中的一个难点，因为显示的FoV大，就会造成设备尺寸和重量的增加，在当前的技术水平下还难以两全。不过，也有研究表明，虚拟显示的FoV越大，越容易造成眩晕，而且由于人的注意力有限，虚像实际并不需要那么大的显示FoV。

对于设计师来说，设计的落脚点只能是构成元素中的虚像，然后设想它和实像结合后的画面。但正如在2.3节中所提到的，在现有的设计工具下，我们很难去完美复刻用户所见到的界面，因为虚像和实像的背后是两个FoV。更近一步来讲，虚像和实像其实是机器（技术）能力和人的感知能力之间的碰撞。

2.5　AUI的4种分类模式

通过对AUI的两个构成元素（虚像和实像）的介绍，我们知道在AUI设计中所要最终关注的界面，和原来设计屏幕UI时有所不同。但在设计的时候，设计师的落脚点还是只有虚实里的虚像,为了更好地理解和设计这个可以落脚的虚像,我们需要引入物理学中的一个很基础的概念:参考系。

参考系是指在物理学中用以测量并记录位置、定向及其他物体属性的坐标系;或指与观测者的运动状态相关的观测参考系;又或同指两者。参考系又称参照系、基准系、坐标系、参考坐标等,因为AUI是虚实结合的画面,它和真实的物理世界息息相关,所以要设计与之相结合的虚拟内容,就必须引入这个概念,并在设计中时时刻刻地考虑到它。

按照参考系,我们将AUI的虚像分为两个大类:一类参考系为真实的物理世界,一类参考系为用户。基于第一类参考系设计的虚像,丰富了物理世界本身的内容,设计时需要更多地参考物理知识,让它更自然而然地成为原本世界的一部分。基于第二类参考系设计的虚像,多为用户随时调用,从属于用户本身。对这个参考系的设计,我们可以认为它增强了人本身的能力,就像用户的手脚、用户的眼睛、用户的耳朵等。设计应以用户为尊,设计的成果应成为用户自身的一部分。

正如我们在开始讨论NUI时所讲到的:遵循自然界原本的规则,遵循人类数万年历史遗传下来的、与事物自然而然的交流规则。

为了在设计时更好地描述虚拟内容,上述两个大类的AUI虚像可以按照具体的参照物各自再分为两个小类,主要用来确定虚拟元素的位置和描述其运动而选作标准的另一个物体。

这四个小类,我们直接用A、B、C、D四个字母来分别表示。

- **第一个参考系**:物理世界下的两个小类为A类和B类,分别对应的参照物是用户在使用时,实际环境中的地面和物体。
- **第二个参考系**:用户下的两个小类为C类和D类,分别对应的参照物是用户视野和显示屏幕。

因为A、B、C、D用来描述不同参照物下的虚拟元素,所以在一个AUI场景里,可能存在由多个小类组成的虚拟元素。在一个AUI场景里,同类虚拟内容可能不止一个,在设计时一般倾向于将同属一个小类的虚拟内容看作一个整体,这个整体我们称之为窗口。

我们从图2-17中可以看出AUI场景和虚拟元素分类间的关系。图中的小方块代表一个个虚拟元素,你可以将其理解为设计的一个UI按钮、一个二维图形或者一个三维模型等,它们按照上述所说的参考系和具体的参照物分类后,形成了如下关系。

第2章 概念

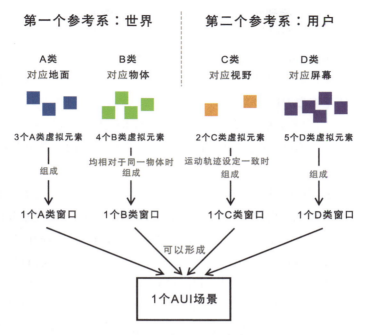

图2-17　AUI场景和虚拟元素分类间的关系示意图

在图2-17所示的世界（这里指真实的物理世界）参考系中，假定相对于地面作为参照物的A类虚拟元素有3个（以3个小方块代表），假定相对于物体作为参照物的B类虚拟元素有4个（以4个小方块代表），那么这7个虚拟元素都属于第一个参考系，丰富了原本物理世界的内容。我们可以将3个A类虚拟元素组合在一起来看，这个整体我们称之为1个A类窗口。而4个B类虚拟元素，如果它们的参照物是同一个物体（这里的物体指真实世界的实际物体），那么我们还是可以将它们组合在一起来看，这个整体我们称之为1个B类窗口。也就是说，如果这4个B类虚拟元素不是相对于同一物体而言的，那么我们倾向于把它们分为多个窗口来看待，每一个具体的参照物体对应一个B类窗口。之所以这样区分，是因为在运动过程中，不同窗口间的相对位置可能发生变化。

在图2-17所示的用户参考系中，假定相对于视野的C类虚拟元素有2个，假定相对于屏幕的D类虚拟元素有5个，那么这7个虚拟元素都是在第二个参考系下的、用于增强人本身能力的内容。这里说的视野是指用户视野，指前面讲AUI构成元素时所谈到的人眼FoV。

如果上述2个C类虚拟元素的运动轨迹设定一致，那么我们就可以将这2个元素组合在一起来看待，也就是说，这2个运动轨迹设定一致的元素是1个C类窗口。运动轨

25

迹是说速度（即速率、运动和静止的规则等）一致，这是可以设定的，本书后面再拆开讲。一般来说，一个应用里的所有C类窗口的运动轨迹都是统一的。这里说的屏幕，是指虚像能够显示的区域，如果用手机或平板电脑等做硬件终端，它就是指我们在设计时所熟悉的屏幕尺寸和分辨率。图2-17右边的这5个D类元素，我们也可以将它们看作一体，称之为1个D类窗口。

在图2-17中，这4种类型的窗口可以组成1个AUI场景，也就是说，用户可以在一个场景中看到它们。不过，在实际应用中，很少会出现1个AUI场景中需要同时显示4种类型窗口的情况。

根据上述的说明可以看出，不管是1个虚拟元素还是多个虚拟元素，只要满足一定条件，我们就可以把它们看作一种类型的窗口。比如，1个A类元素我们可以称它为1个A类窗口，多个A类元素我们也可以称它为1个A类窗口，不同的只是我们在这个窗口里装了多少个虚拟元素而已。更具象一点，就是在这1个窗口里，可以摆放4个图标，也可以摆放1个图标。所以，我们把A、B、C、D 4种分类统一理解为4种类型的窗口，每种窗口里可以是一个也可以是多个虚拟元素。理论上来讲，即使场景内的真实元素或用户的位置、姿态发生了变化，同一个窗口内的虚拟元素的相对位置也都固定不变。

总体来讲，我们设定参照物做分类的原因，也就是A、B、C、D 4种类型窗口的存在理由，是为了更好地描述我们设计的这些虚拟内容和真实世界的对应关系，以及虚拟内容之间的相互关系。

还有一点需要说明，在图2-17中，4种类型的窗口可以组成1个AUI场景，但1个AUI场景并不等于这4种类型的窗口，因为AUI的构成元素是虚像和实像，更确切地说，4种类型的窗口只是组成了这个AUI场景的虚拟部分。它们的关系可以简单地用图2-18来表示。

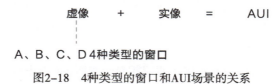

图2-18　4种类型的窗口和AUI场景的关系

2.5.1　第一个参考系：世界

世界，是指真实的物理世界。在这个参考系下，又分为以整个真实环境为参考物的A类窗口和以某个物体为参考物的B类窗口。

A类窗口

A类窗口的具体参照物是用户所在环境的地面,通俗意义上来讲,就是世界坐标系。也就是说,A类窗口里的所有虚拟元素,其静止或运动均相对于真实物理空间而言,这类窗口是基于世界坐标系来描述的虚拟内容窗口。

A类窗口的特点是当屏幕视野(指设备FoV范围下的屏幕显示区域,后同)离开该窗口所在区域时,该窗口会在屏幕上消失,即用户看不见它,但当屏幕视野再次回到其原有位置和方向时,用户会重新看到该窗口中的内容。

如果用虚线框表示设备最大可以显示的屏幕范围,当把这个屏幕移开时,原来的A类窗口会消失在屏幕中,但只要重新把屏幕对准原来的地理位置,就会再次看到A类窗口。我们可以用图2-19示意这个过程,蓝色长方形表示含有N个A类元素的A类窗口。虚线框是虚像的显示区域,既可以表示我们的手机或者平板电脑的屏幕,也可以表示AR头戴设备在显示FoV下位于某段距离的横截面积。

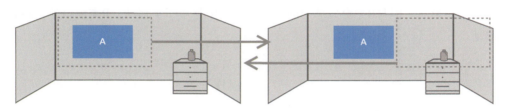

图2-19　A类窗口示意图

假定这个虚线框的屏幕设备是手机,可以用一款办公室AR导航应用的截图来做更具象化的说明。图2-20所示的桌子上的花瓶就相当于图2-19中的A类窗口,它是基于环境识别后的建模数据而生成的,这个A类窗口由一个三维虚拟花瓶和瓶子内的虚拟插花组成。当屏幕视野离开那个区域的时候花瓶不会随屏幕运动,但当我们重新把手机移回原来的视野范围时,花瓶会重新出现在屏幕中。

视野一　　　　　　　　　　　　　视野二

图2-20　A类窗口不随视野变化

这也符合我们对自然物体的认知。桌面上的虚拟物体相对于整个真实环境是相对静止的，这就是A类窗口的特性。

B类窗口

B类窗口的参照物是某一个具体的实物。B类窗口里所有的虚拟元素和作为参照物的具体实物享有同样的坐标系。也就是说，B类窗口里的所有虚拟元素，其静止与运动均相对于某个实际物体而言，这些虚拟元素基于该物体坐标系来描述虚拟内容窗口。

B类窗口的特点是它和某个物体绑定，与A类窗口一样，当屏幕视野移开后，用户就会看不见它。B类窗口和A类窗口的不同点在于，屏幕视野移回原处后，用户能不能再次看到刚才那个B类窗口，是由它参考的物体是不是还在原位决定的。简单地说，B类窗口是跟随具体物体的，物体动，它也动。

在图2-21中，绿色表示B类窗口，代表屏幕视野的虚线框即使移动位置，B类窗口也不受影响。但与B类窗口绑定的物体（在图中是瓶子）移动，B类窗口就会跟着移动。

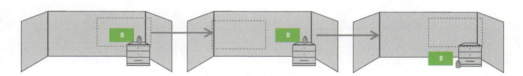

图2-21　B类窗口示意图

同样地，我以手机终端的一个AR应用作为例子做更具象化的说明。图2-22是我们为ThinkSmart会议系统初始化操作写的"AR使用手册"中的内容，图中的白色插线和鼠标、键盘、显示器等都是三维仿真模型，它们是和中间的实际物体（我们叫Smart Corekit的那个黑色的盒子）绑定在一起的一组虚拟元素，我们可以把它们看作一个B类窗口。

很容易理解，当我把手机屏幕从这里移开时，屏幕里很可能就看不到Corekit和与之绑定的B类窗口了。当我把手机屏幕移回来时，能不能看到原来的B类窗口呢？这取决于中间的Corekit是不是还在原地。也就是说，这些白色插线和鼠标、键盘、显示器等组成的B类窗口，应该跟随真实物体Smart Corekit而移动。

在这里我们也可以看出，窗口只是一个概念，实际的显示内容并不一定有框，它只是指在同一种类型下，比较方便地将相关元素看成一组来描述处理的虚拟内容。比如在图2-22中，不同接头的白色插线和鼠标、键盘、显示器等三维仿真模型及少量的二维Icon（图标），就可以组合起来被看作一个B类窗口。

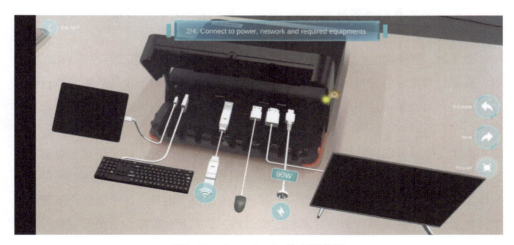

图2-22　Smart Corekit的应用截图

世界领域

可以说，A、B类虚拟元素是在AR界面设计中人们比较容易想到的处理方式，它们符合人们对于这个物理世界的基本认知。比如，一把椅子在没有外力的作用下，必然相对于地面是静止的；对博物馆某幅画的说明，一般会放在这幅画的旁边。

这个参考系是真实的物理世界所拥有的参考系。无论是A类还是B类的设定，它里面虚拟元素的存在或运动都是基于原有物理世界而存在的。虽然它进化了原本的世界形态，但它的中心依然是世界，因此我们可以把这个参考系理解为世界领域。

在世界领域，为了能够让上述两类虚拟元素更好地对原本的世界进行进化与迭代，不会产生升级后不兼容的情况，设计时需要考虑物理常识。

具体是什么物理常识呢？这里的物理常识是指符合人们朴素认知的物理直觉，如前面的物体会遮挡后面的物体、物体静止后不会无缘无故消失、碰撞的时候会有反弹的力量、空中的物体没有动力就会落下等。

以重力为例。一只虚拟的猫，它必然和真实的猫一样，需要站在地面或某个物体表面，不然它就会掉下去。当然，让这只虚拟的猫能站着的某个物体也可以是虚拟的，如设计一张摆在地面的桌子或者一个飘在空中的大气球。如果你设计的是飘在空中的桌子，或者浮在空中的虚拟的猫，那最好有一些合理的理由，不然，牛顿可能会生气。

某个虚拟元素相对于地面或者相对于某个物体是运动的还是静止的，似乎有些理所当然，考虑重力也是。因为这些在我们生活的这个真实物理世界中实在是太平常了，平常到我们很容易忽略它，所以，我们需要在设计过程中再去看这两种分类。

最开始，当确定虚拟元素中有一只猫以后，在设计这只猫怎么存在于AUI场景中时，你就要考虑它会出现的真实环境了。虚实结合的特性对于设计的影响不仅是方方面面的，而且是可以不断深入的，我会在后面的文字中更深入地介绍它对设计的影响。

在之前的屏幕UI设计中，猫需要存在于界面的某个位置，这个位置会将猫对应到这张效果图中的一个具体坐标值。在AUI设计中也是这样的，猫会在界面中的一个具体位置，这个位置同样可以对应一个具体的坐标值。但是，这个坐标值基于什么坐标系呢？如果这张界面图中有其他虚拟元素，猫和其他虚拟元素是绑定在一起的吗？也就是说，它们是不是可以组成一个窗口？

你需要回答上面的问题，因为环境是变化的。在AUI设计中，效果图真的只是效果图。你还要考虑这只虚拟的猫和可能的真实环境有没有冲突，如何去避免这些冲突与不和谐。如果是B类元素，那它跟随的真实物体会不会移动？它可能存在于真实场景的哪些位置？这些位置会不会对你最初的设定有所影响？

接着，如果虚拟元素是一只猫，你很可能需要考虑它的行动轨迹，虽然真实世界的猫能跳得很高，但它也不能凭空跳跃啊！即使在这次设计中，这只虚拟的猫可以一直保持静止，哪也不去，你也要考虑一下：它最好在什么上面待着不动，最可能在什么上面待着不动？这加在一起的画面是不是和谐、无冲突？这才是最终你设计的AUI，即使里面的很多内容本就存在于真实的物理世界，不需要你画出来。

虚实结合对界面设计的意义就是如此，即使画面中的内容不是你设计的，但它也属于你的设计，因为一开始你就不是在一张白纸上作画的。

在世界领域中，所有内容都是基于真实世界而存在的。"基于"是指以此为存在的前提。A类窗口的静止或运动均相对于真实物理空间而言；B类窗口的静止或运动均相对于某个实际物体而言。它们共同有一个很明确的"相对于"，若这个相对于的对象不存在，则它们也不会存在。

继续用一只虚拟的猫举例。这次我们设定一个更具体的场景，如图2-23所示，这个场景中有一只虚拟的猫和一根真实的逗猫棒。

图2-23 有虚拟的猫和真实的逗猫棒的AUI场景

从图2-24中可以看出，如果这只猫的虚像被定义为A类虚拟元素，那么即使拿走这根逗猫棒，它也会立在原地。如果这只猫的虚像被定义为B类虚拟元素，且它的参照物是这根逗猫棒，那么拿走这根逗猫棒，它也就跟着走了。

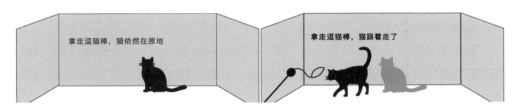

图2-24 虚拟的猫在A类元素和B类元素不同定义下的表现不同

虽然上述比喻有些不恰当，但我只是想说明A类窗口和B类窗口的区别。从技术角度来讲，一般而言，A类窗口需要基于空间定位，B类窗口需要基于2D/3D物体识别及位置追踪，物体识别确保它知道需要跟随的物体（这里是逗猫棒），位置追踪确保它知道该物体在移动。

到这里，其实还可以更进一步。你可能需要考虑：自己看到的到底是不是机器？或者说，AR界面依托的智能系统就一定能被看到吗？

假设这只虚拟的猫是被设计成待在地面上的，AR应用使用的物理环境中也有地面，谁能说没有呢？地面肯定存在。是的，你看到了，地面就在那儿，怎么可能没有地面呢？

但是，机器看到了吗？

你有没有想过，机器可能因为种种原因没有认出那是一块地面，于是在你的设计中，本来虚拟的猫是要站在地面上的。但是，机器说"好像没有（看到）你设计中定义的地面啊"，于是会发生什么呢？如果没有事先考虑，那可就真的不知道了。

在机器的眼里，如果上面那只虚拟的猫所在的空间除了逗猫棒就没有其他任何特色（特征点）了，那么即使被定义为A类窗口，拿走那根逗猫棒，虚拟的猫可能也"飞"走了。也就是说，这里的空间是一个双重的概念：一个是用户眼里的空间，即人类看见的真实世界；一个是机器眼里的空间，即机器看见的真实世界。这其中可能产生不一致，需要我们做容错设计：要么避免错误发生，要么考虑如何让用户从错误中恢复。

机器能否看到实际存在于物理世界的地面，背后依赖的是机器视觉技术，这种技术也叫计算机视觉技术。关于计算机视觉技术的内容，我们会在第3章做进一步介绍。

所以，为了使虚像能够更好地和世界兼容，我们在设计A类元素和B类元素时应遵循一般的运动规律和物质基本结构，也就是说，应遵循基本的物理常识。但我们生活在这个世界中，最基本的物理常识实在是太普通了，普通到我们很容易默认它的存在，因此在设计的时候，也就很容易忽略它。

那能不能不遵守呢？

其实是能的。比如前面提到的浮在空中的虚拟的猫，如果有合适的理由，偶尔偏离物理常识也许能带来一些更新奇的体验。任何原则都有自己的前提，抛开前提条件来运用设计原则是很危险的事情，因为它可能在某些条件下并不那么适合。就像中国人民大学的一位教授所说的：任何事物都要有一个定义域。

因为第一个参考系是属于物理世界的，所以隶属于这个参考系下的A、B两类窗口可以算作人类科技对这个世界原有属性的升级，这也是现阶段最符合人们对AR世界潜在预期的虚像类型。现阶段大多比较经典和炫酷的AR场景，特别是概念图或者视频，都可以用这两个类别的窗口来解释虚像的位置关系。

但要注意的是，正如前面提到的，我们不是在一张白纸上作画，人类眼中的世界和机器眼中的世界也并不一致。在充分考虑AR界面设计中这些不一样的情况后，我们就可以大胆复用之前大多数的设计原理和经验，继续探索这一由AR技术带来的新UI领域了。

2.5.2 第二个参考系：用户

用户，是指使用AR应用的人，即通过AUI场景与机器产生互动的人。在第二个参考系下面，又分为以用户视野为具体参照物的C类窗口和以设备屏幕为参照物的D类窗口。

C类窗口

C类窗口的参照物是使用AR应用的用户，该窗口中的所有虚拟元素，其运动或静止在一定范围内是跟随用户视野的。一定范围是可以定义的，即当屏幕视野（显示FoV）在一定范围内移动时，C类窗口相对于真实世界静止。在屏幕视野的移动超出规定范围后，C类窗口跟随屏幕视野的移动而移动。

在图2-25中，我们可以看到当虚线框开始向右侧移动时，包含一组虚拟元素的C类窗口并没有随之移动。这个时候，它与环境的相对位置是固定不变的。但是当虚线框继续往右移动时，C类窗口也开始向右移动了，最后当虚线框停下来时，C类窗口已经不在它最初的位置，而是显示在环境的右边——柜子的上面了。这个时候，它又重新回到虚线框的中间了。

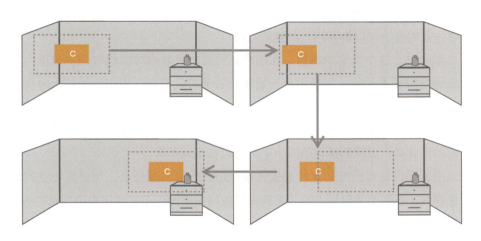

图2-25　C类窗口示意图

不过，由于C类窗口的可变范围是自定义的，示意图只代表一种可能，它的本质是跟随用户。而图2-26所示的用户的位置和姿态可以以X、Y、Z三个轴的位移和旋转度来确定，所以C类元素的跟随效果，可以基于技术能够给到的支持，基于6种自由度来设计。

如图2-27所示，界面不跟随用户的头部旋转，但完全跟随用户进行水平位移，这也属于对C类元素的一种运用。

这个类别理解起来比较困难，它一般用来描述AR头戴设备下基于光学显示方案生成的界面，如果用手

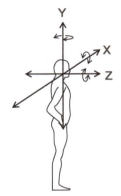

图2-26　用户的位置和姿态

机作为终端设备，则很少考虑这个分类。

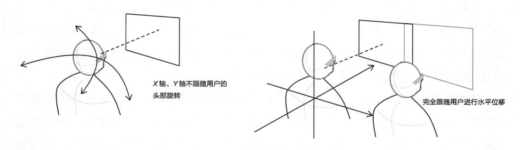

图2-27　仅随头部旋转的C类元素

所以，我们可以直接把这个虚线框等同于AR头戴设备显示FoV的某个横截面。又因为是头戴设备，所以这个虚线框的位置一定和用户的头部运动有关系，而头部运动在一定程度上可以解释用户的视野范围。

也就是说，这个类别的虚像，在用户只需要转一转眼珠就能看到的范围内，相对于地面是静止不动的。但当用户开始转动头部时，或者当用户开始行走时，这个C类窗口就需要跟上了。因为通过眼动直接计算用户当前的视野范围比较困难，当前的显示FoV比起人眼FoV也有一定的差距，所以在实际设计中，虚线框移动范围大了，它就跟着动，虚线框移动范围小了，它就在原地不动。

如果范围设计得精准，这样的模式就像用户的私人服务员，用户需要的时候能够很快找到，不需要的时候虚拟元素就安静地待在原地，不打扰用户的当前行为。

如果范围的设计不够精准，或者用在了不太合适的场景中，就会给用户造成困扰，甚至因为不清楚其底层运动规律，而产生虚拟元素在眼前晃来晃去的感觉。

这是一个非常有意思、也非常值得发展的分类模式，但最初设定C类窗口，其实是源于当前的一些技术限制，为了满足头动跟踪（Head-gaze）这种交互方式而出现的。现有AR技术下的几种交互方式会在2.7节讲解。这里再举一个例子来说明C类窗口这个类别，图2-28所示为Hololens AR眼镜中的尾随（Tag-along）交互，当用户在其环境中四处移动时，可能看得到内容，也可能看不到。Hololens AR眼镜的虚拟现实设计指导手册指出，尾随对象的参数可微调，也就是我们所说的"一定范围里的'一定'是可以设定的，针对不同的设定，虚拟元素会显示出不同的行为"。

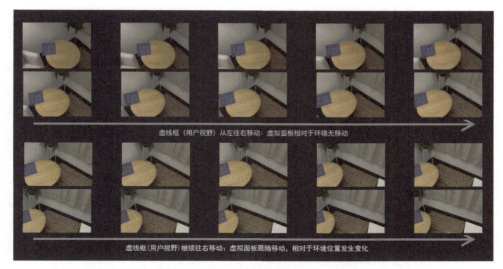

图2-28　一定范围内固定的虚拟面板

D类窗口

D类窗口的参照物是显示屏幕。D类窗口是指虚拟元素的运动或静止完全跟随显示屏幕，基本与其保持相对位置不变的一类虚像窗口。显示屏幕在以AR头戴设备（包含眼镜形态）为硬件终端的AR应用中，是指显示FoV；在以手机或平板电脑为硬件终端的应用中，是指那块看得见、摸得着的屏幕。

D类窗口的优点是它完全和屏幕绑定，用户很容易预知它的位置，设计师也更容易通过效果图来判断最后的AUI场景实际效果。D类窗口的缺点从显示位置这个角度来讲，它和真实世界的关联度最弱，也无法在AR头戴设备中使用Head-gaze方式控制光标选中D类窗口中的某一区域（如一个UI按钮的区域），还需要其他输入方式来辅助。

我们可以看到，在图2-29中，蓝色的D类窗口和代表屏幕视野的虚线框是绑定的，彼此保持相对固定的位置。

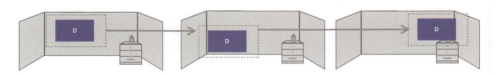

图2-29　D类窗口示意图

我们现在所熟悉的屏幕界面就属于D类窗口，因为界面里元素的位置和屏幕保持相对固定。比如图2-30所示的手机界面，上面的所有Icon都和屏幕相对固定，除非用户主动操作，否则这些Icon不会因为用户转头（姿态）或行走（位置）而变化。

D类窗口这种从手机等设备迁移而来的界面规则，其技术成熟度更高一些。谷歌于2013年发布的Google Glasses就使用过这种模式，其AUI中的虚像是由位于眼镜前方的一小块屏幕显示器来承担的。

顺便提一句，虽然在这块小小的屏幕上能够传递的信息非常有限，也没有真正意义上的虚实结合，但谷歌于2013年出品的这款设备依然成为人们在探索AR道路上的一个里程碑。由于这种显示在表现上更加稳定和可靠，现今很多国内厂商出品的AR眼镜，依然在沿用这种D类窗口，比如Rokit的一款单目AR眼镜。

不过，虽然D类窗口是相对于屏幕固定的方案，但在无框感知的AR眼镜界面上，依然可以依据条件灵活微调，如使D类窗口的Z轴与世界坐标系保持一致，始终垂直向上，不然，不和谐的AUI场景就会给使用者带来比较违和的感觉。有框与无框界面对比如图2–31所示。

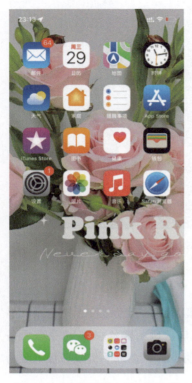

图2–30　手机界面中的D类元素

图2–31　有框与无框界面对比

用户领域

相对于第一个参考系下的两种模式，第二个参考系下的C、D两种模式并不是人们在提到AR时容易想到的分类，它好像和原有的物理世界没有太大的关系，也不是对于原本物理世界认知的直接移植，好像仅仅是技术发展过程中一个阶段的产物，如2013年的那款Google Glasses。

事实真的是这样吗？

当然不是，和世界领域内的A、B两种模式一样，用户领域内的C、D两种模式也是AUI设计中必不可少的一项内容。因为总有些界面需要满足的场景，真的就和原有的物理世界没有什么关系，既不适合和地面绑定，也不适合和某个实物绑定，比如手机里汇总了所有应用的首页。

你当然可以让界面显示在某面墙上或是某个桌面上，但似乎总不如让它能<mark>随身携带</mark>来得方便。

没错，就是随身携带的感觉。

这就是用户领域的关键：<mark>随时随地，为我所用</mark>。第二个参考系的C类和D类模式，应达到的是这样一种愿景。

我之前说过，D类窗口其实就是我们常见的手机界面、平板电脑界面、计算机界面，这些界面就是和屏幕绑定的、完全跟随的，也就是说，我们做UI时的整个界面是以屏幕为参照物来描述的。但为什么我们之前做UI的时候不需要根据参照物来分类呢？那是因为这已经成为人们的共识。屏幕界面以手机（或平板电脑/计算机）为参照物这个条件，没有必要特意指出来，因为所有的界面都以这个手机为参照物。

但是现在我们把它用在了AR眼镜上。

AR眼镜上的UI可以有不同的参照物，所以我们需要再来理解这种D类模式，以及和它同属于用户这个参考领域的C类模式。

手机这种设备的发明，有很大一部分原因，不就是我们想要一台随身携带的计算机吗？至于平板电脑和计算机，不过是我们在大屏显示和随身携带的两种"欲望"中苦苦挣扎罢了。

<mark>"随时随地，为我所用"</mark>是设计C类虚拟元素和D类虚拟元素的关键。

随时随地，是指用户可以在任何时间、任何地点调取这两类界面，不需要考虑当前的环境，也不需要找到某个实物。就像放在衣服口袋里的钥匙，你一摸，它就在那儿，只要拿出来，就可以开门。这是可控感——你知道它在哪里，同时你也知道它能干什么。

为我所用，这个"我"是指用户，就是说界面是供用户使用的。好像说了一句废话，下面我们来拆解一下。

第一，这个界面要和用户有关，不能什么信息都在用户面前展示。在AUI场景中，内容太多了会遮挡视线，用户大概率还需要看到真实的物理世界。第二，怎么方便使用，就怎么来。也就是说，我们应根据用户的位置和姿态，来更好地设计C类虚拟元素和D类虚拟元素的显示位置、运动轨迹。

微软的Hololens2里调出首页用的是一个手势，即用户翻转掌心，在手腕处就可以看到开启首页的虚拟按钮，这个按钮是用微软的Logo形状做的设计。用户用另一只手点一下这个虚拟按钮，就会出现集合应用的首页。这个情景就像玄幻小说中空间领域的钥匙，用户只要轻轻一点，这个空间便以"我"为尊，里面每一个应用都是一个具体的技能，可以"随时随地，为我所用"。

由于C、D两种模式的参考系是用户，无论它们是跟随屏幕还是跟随视野，都需要基于用户的位置和姿态来确定。换言之，这两种模式不需要考虑外部环境，只需抓住用户就可以了。

这可是实实在在地以用户为中心，可以说C类模式和D类模式，以它们的实际表现形式贯彻着这一至高设计原则。

从这个角度考虑，第一个参考系的两种模式之所以容易在人们提及AR时想到，是因为它们符合人们对于原本物理世界的认知。可是我们探索新的技术、期待AR，不正是因为我们不满足于原本物理世界带来的固有认知吗？用户领域的C类模式和D类模式，它们满足的正是原有物理世界没有满足的，但是又希望AR后的世界满足的潜在期望。

"随时随地，为我所用"是设计C类虚拟元素和D类虚拟元素的共同原则，但在选用时依然是有区分的。

C类模式是不完全跟随的，几乎只在头戴设备上有用武之地。D类模式是现有屏幕UI的延续，反映的是设备本身的变化。如果这个设备是头戴设备，那么它的运动可以间接地反映用户的头部运动。

C类模式和D类模式并没有本质区别，C类模式所需要的底层技术支持会更高一点。但在刚开始使用这两种模式进行设计的时候，我们只需要记住以下两条限制原则。

（1）手机上不使用C类模式。

（2）AR眼镜如果使用头部追踪的操作方式，D类模式无法点选。

举一个例子，在我们之前的一个项目里，为了多增加一种终端设备，研发人员就把曾经在光学式AR头戴设备里的一个应用，直接移植到了兼容ARCore的安卓手机里。由于都是使用Unity来开发的，移植的代价相对较小。

然而，我们很快就发现在手机里运用C类模式的虚拟界面会非常奇怪，它一会儿出现在屏幕里，一会儿出现在屏幕外，既不像A类模式会固定在世界的任何一个角落,也不像B类模式一样和某个真实物体绑定,而更像一个行踪不定的"游侠"。

于是,我们就把它变成了与屏幕固定的D类模式,通过手指直接对它进行点击等操作,使它和常规的UI无异,这也符合我们平时的使用习惯。

这就是第一条限制原则——手机上不使用C类模式。

第二条限制原则,AR眼镜如果使用头部追踪的操作方式,D类模式无法点选。

什么叫点选呢?点选是指在一个界面中,它的点击区域是需要选择的。你点在这个区域以外是不行的,或者你点这个区域是执行这个操作,你点那个区域是执行另一个操作。如果整个屏幕都可以点击,随便点哪儿执行的都是同一个操作,那就不叫点选了。

我们可以用手机来示意非点选界面和点选界面的区别,如图2-32所示。

图2-32 非点选界面和点选界面

头部追踪通过计算用户头部的位置和旋转度来确认光标位置。D类窗口因为和屏幕完全绑定,和用户头部的位置、旋转度是保持一致的,所以在这种模式下,光标无法在窗口内做点选。

不过,两条限制原则只告诉了我们什么不能用,在真正设计的时候,我们还是要抓住"随时随地,为我所用"的精髓,根据具体的场景进行设计考虑。因为究其根本,分类只是为了更好地描述和设计这些虚像,但不能成为局限设计的围栏,它们互相取长补短,共同成就一个好的AUI场景设计。

2.5.3 4种分类模式的共用和转换

正如物理学里所认为的,研究和描述物体运动,只有在选定参考系后才能进行一样，AR设计中的虚像由于虚实结合的特性，注定了其作为一种新的物体形式，也应该和整个真实的物理环境具有同样的特性：我们需要选定参考系才能设计和描述这些虚像。所以，可以说，AUI 4种分类模式是为了更好地说明虚像的位置及运动信息才出现的。

同时，基于不同参照物定义A、B、C、D 4种类型，也可以在设计和开发过程中，帮助大家对AUI场景最终的效果统一认知。

但在设计的时候，我们不应该拘泥于它们的分类，而应该从分类中跳出来，从整体的场景入手，考虑虚像、真实环境与用户的关系，只有这样才能让它们以最适合的分类模式显示。

A、B类模式稳定有余却不够灵活，C、D类模式灵活有余却不够稳定。不同参照物区分的4种分类模式各有优劣，只有从整体的场景来看待它们，才能让它们互相取长补短，达到最好的用户体验。

4种分类模式互相取长补短的具体方式，归纳起来有两种：共用和转换。

在前面介绍这4种分类模式的时候我们就说过，一个窗口是一组相对于同一种参照物，以同一种规则运动的虚拟元素的统称。而在一个虚实结合的AUI场景中，理论上是可以有多个窗口的。每个窗口可以有不一样的参照物。也就是说，在一个AUI场景中，最多可能呈现A、B、C、D 4种分类模式。

这就是共用。

举个例子，我们想象一间书房，里面有一张桌子，桌子上面可以设计一个日历，这个虚拟日历相对于桌子是静止的，我们把它定义为B类元素。我们还可以在桌子旁边放一株观赏的竹子，这个虚拟的竹子是和地面绑定的，于是它被定义为A类元素。

接着，我们把关注点放在书房的主人身上。进入用户领域来设计，用户进入书房看书，这本书可以是虚拟的，它可以以用户视野为参照物，显示在用户的前方适合其阅读的位置。这样，用户无论是打算坐着还是站着，或者打算以其他什么奇怪的姿势来读书，这本书都在他最方便阅读的位置，这就是C类元素。

最后，也许他在看书的过程中突然抬头，看见天气晴朗，洒进来的一缕阳光浮浮沉沉，映衬出虚拟竹的颜色像梦幻一般缓缓晕开，他突然想录个短视频。这个时候，他也许会开口叫一声"AR录视频"，然后，"滴"的一声，他的眼前出现了录视频界面里我们最熟悉的四个角框和一个正在录视频的红点。这几个虚拟元素组成一个窗口，它们最好和用户头戴设备的屏幕绑定，这样只要他稍微歪一下头，同样倾斜的四个角框就能提醒他现在录视频的画面有点歪，可能不是他想要的样子。这个窗口,就是D类窗口。

在用户录视频的那段时间里,A、B、C、D 4种分类,都共同存在于一个AUI场景中了。

当然,这只是我们假想出来的一个场景,实际上现在的头戴设备FoV并不方便支撑特别大的显示区域,也就是说,把这4种分类放在同一时刻的AUI场景中,虚像会太挤了,并不会像我们描述得那么美好。

所以,4种分类模式基本不会在一个AUI场景中同时显示。但2~3种分类模式同时出现在一个AUI场景中还是有的,尤其是两种分类模式同时出现的情况很常见。

图2-33所示的界面来自一款AR游戏——《托马斯和他的朋友们》。设置完成后,中间的火车游乐场是和地面绑定的,也就是我们所说的A类窗口。这个A类窗口包括草地、小房子、轨道、运动的火车和运动的海鸥,它们都是以地面为参照物来描述的。但是四周的Icon则完全是另一类描述体系,它们完全和手机屏幕保持相对静止,不会因为用户移动手机而移动,这就是我们所说的D类元素。

图2-33 《托马斯和他的朋友们》界面截图

再说转换。

转换有两层含义:第一层含义是说,一个窗口可以在这一刻是A类窗口,在下一刻又转换为B类窗口;第二层含义是说,即使这个是A类窗口,但它又可以带着一些其他类别窗口的特性,也就是说,类别本身可以自带转换特质。

说到类别本身可以自带转换特质,我们就不得不提最有新鲜感的C类模式了。

C类模式定义本身其实就带了一些A类模式的属性,它在一定范围内跟随移动,也就是说,它在一定范围内是不动的,那在不动的范围内,它就等于是相对于地面静止的A类模式。只不过达到了一个临界点后，它才开始跟随用户视野移动。这是C类模式本身所带的转换特质。

这个特质用得好是很出彩的。比如，我们做一款ToB的AR眼镜，开机后选择应用的界面就是C类模式，但它出现的距离被设定在离用户1.5m远的地方。如果用户往前走或者往后退，只要他和这个虚拟界面的距离在1~2m的范围内，它就保持不动。但用户只要转头或者走几步，它马上就跟随了。

这解决了什么问题呢？如果用户觉得这个虚拟界面太小，看不清楚，他就可以往前走一点，这符合我们的常识。同理，如果用户觉得这个虚拟界面太大、不舒服，也可以走得远一点。除了满足不同用户的偏好，这个特质还可以部分解决因为环境不同而带来的可视度变化。

再举一个例子，B类是相对于某个具体物体而言的虚拟元素。但如果这个B类元素是一张写着相关文字信息的平面UI，那么为了方便阅读，我们可以在这个B类元素中加入一点D类元素的属性。比如，虽然这个平面UI的中心点相对于这个实际物体保持静止，但我们可以增加定义使它的朝向与用户头戴设备的屏幕保持平行，这样无论这个真实的物体是出现在高处还是出现在低处，用户在阅读屏幕UI上的文字时，都是比较方便的。

除了单类别自带转换特质，一个窗口也可以在不同类型里转换，也就是说，它可以在不同的时刻表现出不同的类型。

我们想象自己在逛一个博物馆，看到了一个真实的青花瓷展品，展品旁边显示着一张虚拟界面，上面写着它的来源、朝代、故事等。

这个时候，这个虚拟界面所在的窗口是B类窗口，是和物体绑定的。但你看后觉得这个青花瓷的故事非常好，对你正在构思的小说有莫大帮助，于是你轻轻一点，它就开始跟着你走了。这个窗口从你点了以后到跟着你走的这段过程，就变成了C类窗口。

接着，你走到不远处的休息室坐下来，这个窗口被你固定在一个合适的位置，相对于地面保持静止。然后，为了怕灵感消失，你赶紧拿出随身携带的笔记本电脑开始码字，需要的时候，你就向那个固定的地方瞧一瞧，那个窗口依然在原地，默默地显示着你需要看到的信息。这个时候，它已经成为一个A类窗口。

在这个设想的场景里，所有的转换都是用户主动触发的，但有很多时候，为了让转换的过程对用户无感，我们也有可能需要充分地研究用户的位置和姿态：用户在什么样的位置和姿态时，会觉得这个窗口应该和地面保持静止；用户在什么位置和姿态时，会觉得这个窗口需要跟随。

总体来讲，虚像的4种分类模式是为了在虚实结合的新世界中，依然能够准确地描述我们设计的虚像的位置或运动才创建的，但根据不同参照物来描述虚像，不能成为虚像本身的限制，只有这样才能让我们设计的那些虚像在AUI的画面中表现得更加自然。

2.6　AUI的内容显示模式

在2.5节的分类模式中，我们从微观和设计实施层面按参考系对虚像的设计进行了分解，并描述了它和实像的关系，而显示模式就是在更完整和更表象的感官层面，讲述在不同的虚像和实像关系中所呈现的整体效果。前者对应研发过程，后者则对应最终的体验。

在讲AUI的内容显示模式之前，我们需要先来界定一下内容。这是一个需要依据具体场景来定义的概念。比如，在淘宝这种电商软件中，内容就是指那些商品，包括商品的图片、文字描述，以及一些展示商品的短视频。又如，在抖音这种视频软件中，视频就是它的内容。还有以搜索引擎为主的应用，搜索的网页、图片等就是它的内容。

可以看出，在具体场景下，内容的表现形态虽然不一样，比如这个视频和那个视频是不一样的，这个商品和那个商品是不一样的，但这些内容又都统一有某种固定的属性，可以不断地被更新替换而不影响整个场景的其他部分。比如，你在淘宝软件中看这个商品的页面和看另外一个商品的页面，在界面布局和交互上都是不变的，具有感知上的界面一致性，只是作为内容的商品在不停变换其表现形态而已。

在一个需要承载内容的AUI场景中也是一样的。比如，用来展示家具的AUI应用，它可以不断地扩展各种样式、风格的三维虚拟家具，以作为它的内容而不影响整个应用的界面交互。而在AR界面中，虚实内容是被一起看见和感知的，如果这些虚拟家具需要放置在真实环境中被显示，那么我们就可以从它们之间的整体关系来描述虚实结合的视觉表象。

基于这些内容和真实的物理世界的关系，按照业内比较通用且易理解的话术，我把这些内容的显示模式分为3类：融合虚拟、孪生虚拟、沉浸虚拟。

2.6.1 融合虚拟

融合虚拟所呈现的AR场景，整个画面以真实物体为主，虚拟内容轻量显示在真实物体的特定位置。融合虚拟需要借助同步定位与地图构建的技术，只有先认识到真实环境，才能实现与真实世界的融合显示，这是我们期望的虚实叠加方式。

为了达到更好的显示效果，识别的精度最好保持在1cm以内，对技术的跟踪稳定性也有较高要求。技术上达到的精度和稳定性越高，设计可实现的效果就越好。融合虚拟模式下的虚拟内容一般被定义为A类或B类，属于世界领域下的场景。图2-34所示为基于Hololens2头戴设备开发的AR电力巡检界面，虚拟内容和真实内容相互补充呈现出一个完整的画面，去掉任何一方，这个画面都不完整。

图2-34 虚拟内容和真实内容相互补充呈现出一个完整的画面

2.6.2 孪生虚拟

孪生虚拟模式中的虚拟内容一般在真实物体旁边孪生显示。用户在看真实物体时，画面以真实内容为主；用户在看虚拟物体时，画面以虚拟内容为主。

当融合虚拟无法更好地反馈细节信息时，用虚拟内容等比例还原出真实物体的孪生状态可以更好地理解真实物体。比如，利用AR展示复杂机器的内部结构或操作方式来培训或指导时，可使用孪生虚拟模式，通过模型动画等体现其构成或操作方式。

这种显示模式也可以在追求更高可用性的视频显示方案中使用，以降低光学显示方案中用户移动视角时可能出现的虚拟内容轻微漂移现象。即使将虚拟内容定义为A类或C类，相对于环境或物体保持相对不变的状态，对于识别精度和稳定性的要求相比融合虚拟也更低，但是对于虚拟内容本身的精细度和呈现效果有较高要求。同时，由于整个画面分为两个主体内容对象，需要用户分别关注虚像和实像，所以有时候对用户来说会在感知体验上有不连贯的感觉。

孪生虚拟在多种分类方式中都可以用到，图2-35所示的AR界面属于B类模式，利用物体识别技术和实时定位追踪将真实物体的虚拟孪生形态、相关业务信息固定在物体上方显示。

图2-35 虚拟的模型是对真实工具的复制

2.6.3 沉浸虚拟

沉浸虚拟是指基本和现实环境无交互，用户关注的画面以虚拟内容为主的一种内容显示模式。在这种显示模式下，用户可以完全沉浸在所构造的虚拟内容场景中，真实环境仅作为一个背景。这种完全沉浸于虚拟内容的体验在VR界面设计中已经得到了很好的运用，介入真实环境后的体验会稍有区别，真实环境在虚拟内容下表现的冲突和重构感也许会给用户带来意想不到的惊喜。当然，这种显示模式如果使用不恰当，其体验感会逊色于致力于完全摒除真实世界影响的VR场景。

在沉浸虚拟模式下，虚拟内容是整个场景画面的主角，真实内容作为背景或配角体现，设计的目的是期望用户的注意力放在虚拟内容上而忽略真实场景。沉浸虚拟模式在视频显示方案和光学显示方案中均可使用，并且也适用于世界领域和用户领域下所有的分类模式，用户只需要根据具体运用的场景和条件使用即可。图2-36

所示为采用光学显示方案的联想晨星第一代AR眼镜上以沉浸虚拟模式显示的AR界面。

图2-36　真实环境仅作为背景，用户的注意力完全聚焦在虚拟场景中

2.7　AUI的操作交互方式

在计算机最开始出现的时候，键盘是它的输入方式，鼠标随后而来。接着，手机出现了，我们从利用按键输入到利用手指直接触碰屏幕进行操作。直到现在，触屏操作已经可以区分手指的数量和按压的轻重了，此外，语音、遥控、隔空手势等更多的交互方式随着技术发展而不断成熟，并进入可实现的日常设计范围。

从计算机出现后短暂的发展历史可以看出，我们和智能设备的交互方式随着硬件终端的形态变化，整体依据于自然交互的发展脉络。键盘配合输入法的精进，让较高的学习成本转移到语言读写能力上；鼠标配合光标，再把读写里的"写"成本淡化；而触屏技术又是一次革新，满足了人们直接用手把玩的天性……

为了更好地理解交互方式，我们先从硬件和技术的维度来看一下AUI可能的输入方式。

触屏

这应该是我们最熟悉的操作交互方式之一了，如今的智能手机绝大部分是触屏手机，用户通过手指的单击、长按、拖曳等动作在手机屏幕上同手机直接进行交互。

按键

这里指硬按键。在触屏手机成为主流之前，按键也是手机进行输入的主要操作方式。即使是现在，使用按键进行操作的方式也很常见，比如现在的手机依然保留的开关机按键和音量调节键。

AR眼镜类的设备也是一样的，在这种设备上通常有少量的硬按键支持一些关键操作，如开关机/息屏、音量上/下键等。按键所关联的操作意义一般会在出厂之前设置好，如果有预留的接口，也可以在特定的应用上用同样的按钮定义不同的含义。比如，我们自主研发的AR眼镜上带了3个硬按键；我们在系统层级上为单击它们定义了确定、返回、息屏/亮屏的操作语义；在设计具体的应用时，我们可以增加定义双击、长按等操作。

键盘

和按键的原理一样，只不过键盘是集中了许多按键的盘子。键盘是常规的计算机输入方式，特别适合拥有书写和办公需求的计算机界面。

触控板

触控板和触屏还是有区别的。现在的计算机键盘里一般会配置触控板，用来控制光标在平面上的移动，实现简单地单击或双击交互。谷歌第一代AR眼镜，在眼镜的一侧增加了触控板来支持用户进行输入，如图2-37所示。

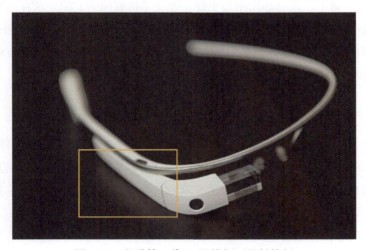

图2-37 谷歌第一代AR眼镜侧面的触控板

鼠标

鼠标是比键盘更简单、更直接的输入工具，与之配合的是界面上的光标。鼠标的学习成本大大低于键盘，只要培养用户在光标和鼠标之间建立连接，然后一切就会像现在我们感受到的那样变得自然而然。

手势

有一些智能手机有隔空手势的功能，让用户即使不触摸到屏幕也能控制手机，如挥手亮屏、隔空滑动手势等。

而在AR眼镜的形态下使用手势进行交互，就更是一种符合自然和人类习惯的交互方式了。拿取东西、放置物品，人类天生习惯于用手和这个世界做交互。不过在AR眼镜界面的设计中要使用手势进行交互，首先应保证这款AR眼镜具有手势识别的功能，其次也要考虑识别的效度、精度和准度。

除手势以外，交互方式也可以进一步扩展到人类身体的任何姿态。只要设备能够识别出来，而场景正好适合安放，肢体语言就和手势一样可以成为一种交互方式。

遥控器

遥控器作为外接设备，也是人类与AR眼镜界面进行交互的一种方式。在现有的技术条件下，相比其他方式，遥控器是最不容易让人感觉劳累的。因为手势如果要被识别，需要抬高手臂让手势进入AR眼镜能看得见的地方；而按键和触屏，如果它是依附在AR眼镜上，人也必须抬起手臂才能让手指触摸到它们。这样的操作虽然可以给手臂做一些运动，但总归不是长久之计，如果使用遥控器，人就会舒服很多。

遥控器也是人们非常熟悉的一种交互方式，如游戏机遥控器、电视机遥控器、空调遥控器等。当然，手机也是可以作为遥控器使用的。

语音

语言是人类社会发展的一个伟大产物，语音操作也是现在比较热门的一种交互方式，为此而发展出来的研究领域叫作VUI。它可以被看作由听觉发展出来的自然交互方式，和AUI这种以视觉为主的自然交互方式是一种互利共生的关系。只要场景和条件适合，VUI就可以作为AUI的一种操作方式。

不过，语音操作也有它的弊端，如在人多嘈杂的时候不方便使用语音，听不见或听不清会让人感觉非常不舒服。公共场所也不太方便使用语音，有安全隐患，而且也有可能影响他人。

脑电波

脑电波这种交互方式虽然现在还没有实验室之外的产物，不过我依然把它列了出来。脑电波是一种使用电生理指标记录大脑活动的方法。脑电波依频率可分为五大类：β波（显意识14～30Hz）、α波（桥梁意识8～14Hz）、θ波（潜意识4～8Hz）、δ波（无意识4Hz以下）和γ波（专注于某件事30Hz以上）。只要设备装载能够识别出电波频率，就能够执行一些相应的操作控制。如果脑电波和其他方式配合，可以大大降低对测量频率的精确度的要求。

如果脑电波技术可以用在未来的智能设备上，"随心而动"就不是一句虚言。

凝视

视觉在人类的感知力中占据了很大的一部分，抛开下意识的行为不谈。我们在现实中如果需要与哪个物体有进一步的交互，都会自然地将视线集中在它的身上，耗费注意力去看它。因此，在做交互设计时我们也可以基于用户的凝视行为来判断是否需要激活系统行为。最常见的判断是用"凝视+时间"的方式来确认是否需要激活凝视对象，通过眼动技术测量眼睛的注视点位置，实现对眼球运动的追踪，以计算出凝视对象，并记录凝视时间。

微软的Hololens2上已经基于眼动技术实现了名为眼动跟踪（Eye-gaze）的界面交互。当你开启Eye-gaze交互后，通过眼睛凝视可交互对象，几秒后Hololens2便可激活对应的操作行为。为了更好地反馈当前系统计算的用户凝视点，对AR眼镜而言，Gaze通常被具象化为一个UI的点，类似于计算机中的光标符号。

除了通过眼动技术实现的凝视交互，我们还可以根据头戴设备本身的位置进行实时追踪实现类似的交互。因为设备是被用户戴在头上的，设备的移动代表着用户的头部移动，所以Gaze点的位置可以以显示屏幕FoV的中心点来模拟。从空间的角度来看就是一条有深度的中心线，如图2-38所示，它与可交互内容相交的时候，对象被激活。这种交互方式被称为头动跟踪（Head-gaze），Hololens1和联想研究院自主研发的New G2 Pro均使用此种交互方式，它不需要配备专门的眼动模块即可实现凝视交互。

前面提到D类窗口无法使用头部凝视进行界面交互，就是因为头动跟踪的Gaze点和D类的虚拟元素都基于同一个参照物（显示屏幕）而设定，相对位置固定不变，两者是无法相交的。

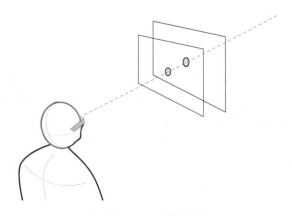

图2-38 头动追踪交互

除了前面介绍的触屏、按键、键盘、触控板、鼠标、手势、遥控器、语音、脑电波、凝视这10种操作方式,还有数据手套、脚踏控制、操纵杆、手写笔等新的交互方式陆续出现。正如我们在前面谈论NUI的时候提到的,所有的输入和输出技术都可以为创建更自然的用户界面提供机会。不过总体来讲,这些操作方式要么属于一种硬件设备,要么属于一种技术运用,其最终形式是硬件设备的形态和自然交互的需求互为因果。你可以说硬件设备的形态决定了最终的自然交互方式,也可以说更接近自然的交互方式决定了产品的硬件形态。

在AUI的设计中,使用什么样的操作方式和硬件形态、方便的自然交互都有关系,你可以使用一种操作方式,也可以多种操作方式混合使用。

目前,AUI的硬件设备形态可以分为两种:一种是手机等移动屏幕设备;一种是AR眼镜或其他AR头戴设备。基于此,按照用户的使用方式,我把AUI的操作交互概括为两种:用手操作和非手操作。

"手"是一个关键字。

为什么这样区分呢?主要有以下两个原因。

第一个原因也是最主要的原因:就当前的两种设备形态来说,AR眼镜和手机最大的区别是解放双手,手机需要专门有一只手去拿着它,如果暂且抛开手机架这种让设备失去灵活性的附件来说,没有手,手机基本就无处安放。

第二个原因要依据于自然交互的发展脉络。从第一次站立起来,解放出双手来和这个物理世界进一步交互,人类就开始和其他动物区别开来了。我们用手制造出更有利于生存的工具,我们用手为自己获取更多的食物,我们用手装备更强大的武器,我们用手完成许许多多的事情。

无论AUI未来的硬件形态和操作方式是什么样的,我认为都可以简单地分为<u>用手操作</u>和<u>非手操作</u>两种类型。

使用按键、键盘、鼠标、手势、遥控器等一切需要我们直接用手的操作方式都可以叫作用手操作;而使用口头语言、眼神、表情等不需要用手的操作方式都可以称之为非手操作。如有必要,它们之间也可以互相配合使用,如先通过注视来获取焦点,再使用手势去完成进一步操作。

这样的分类可以将纷繁的交互方式做一个简化。最重要的是,在实际设计时不再拘泥于硬件或技术,而更多地以业务场景为目标来考虑用户需要的交互方式。图2-39通过"手"这个关键词将现有应用所使用的交互统一分为两种方式,以便用户根据不同的需求场景确认主适配的交互。

图2-39 交互方式分类

什么时候以用手操作模式为主,什么时候以非手操作模式为主,还是看前面说的两个关键要素。

第一,看硬件终端对次交互方式的支持性;第二,看操作模式是否存在于自然交互发展的脉络上。存在于自然交互发展的脉络上,也要根据当前场景的情况,看看是用手操作更方便还是非手操作更方便。比如,在B端设计时遇到的工厂维修场景,当工人的双手更需要捏握或操作真实的物体时,如果还要让工人在操作过程中用手去操作AUI,这样的设计就有些不合理了。

2.8 AUI的3个设计要点

在2.3节中介绍AUI的概念时,我们提到了深度和用户所见是AUI设计区别于屏幕UI设计的关键。因为真实环境的引入,深度所带来的空间感和用户所见场景的可变性会对设计AUI产生许多不同于屏幕UI设计的影响，这些影响归纳起来主要有3个方面，即距离、朝向和色彩，我把它们作为AUI设计的3个要点。

2.8.1 距离

距离感是深度带给用户的最直接的感知。在设计中，距离体现在两个设计维度中：第一个是元素间的相对关系，包括虚拟元素和虚拟元素之间，以及虚拟元素和真实元素之间的关系；第二个是每个元素相对用户的具体距离，也就是每个元素在以用户为原点的Z轴上的位置。

为了更好地理解AUI设计的"距离"这个设计要点，我们可以了解一下人们是如何产生深度感知的。

（1）双眼视差。

双眼视差是指由于两只眼睛的水平距离相差5~7cm而接收的不同图像所产生的深度感知。双眼视差所形成的图像能帮助我们判断距离。

在设计AUI时我们应该了解，当视像完全相同时，视像重合，人们可以看到单一无深度感知的物体；当视像相差不大时，视觉系统会自动产生一个具有深度感知的单一物体；当视像相差过大时，人们就会看到双象了。

做一个小游戏：将一根手指举起来，与远处的墙角形成一条直线，这个时候，聚焦手指，墙角变成两个墙角，聚焦墙角，手指变成两根手指。

如果把手指和墙角换成虚像也是一样的。在一个AUI场景中，我们应妥善地安排这些元素的位置和用户需要注视的路径，避免出现双象现象。另外，在光学式的AR眼镜中出现的虚像不合像也多与此有关，不合像会让人产生不适，如眩晕等感觉，如果做过瞳距矫正会让个体的体验感更好一些。

（2）视轴辐合。

视轴辐合是指两只眼睛向内转动的幅度（见图2-40）。大脑会利用眼部肌肉的转动来判断深度。由于肌肉的视轴辐合信息对于深度的知觉只在3m以内，所以我们会发现近处的物体立体感更强，远处的物体立体感更弱，如天上的月亮，看起来不像圆球更像圆形。

所以，如果想要AUI场景中的三维虚像显得更立体，就可以放近一点，但不能小于视觉系统的正常调节范围（10cm），这就像我们看书不能离太近的原因一样——对眼睛不好。

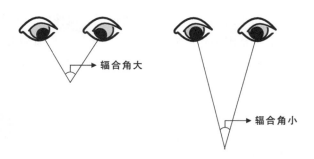

图2-40　视轴辐合

（3）运动视差。

当你运动时，环境中物体的相对距离决定了它们在视网膜影像上相对运动速度的快慢和运动的方向。

继续上述的游戏，这次增加一根手指：注视远方的墙角，保持两根手指不动的同时移动头部，你会看见两根手指都在移动，但是近处的那根手指好像移动得更远、更快，其实它们根本没有移动。

图2-41是生活中的一个例子，车辆行进的时候，我们坐在车里看到近处的景物飞速运动，而远处的景物缓慢运动。根据景物运动的不同速度，我们是可以判断物体远近的。

图2-41　从车上看远处和近处的景物移动速度不同

这项深度感知可以让我们更多地考虑一下，如果在虚实增强的世界中合理地设计和安排虚像，那么在动效的运用上需要更加谨慎。

运动视差是形成距离深度和运动知觉的一种线索。

（4）相对大小。

相对大小包括光线投射的一个基本原则：相同物体在不同距离时投射到视网膜上的成像大小不同。简单来讲，就是近大远小。如果没有其他线索，我们有时候很难分清是这个物体产生变化了还是距离产生变化了。就像图2-42所示的平面视觉稿，你无法判断当前卡片是因为距离变化而感觉变大，还是因为卡片的尺寸确实变大了。不过，在有深度的空间里，在我们视觉系统的综合判断下，两种交互的感知体验是有区别的。

图2-42　中间卡片是因为距离变化而感觉变大，还是尺寸
确实变大了，无法从平面视觉中判断

（5）遮挡关系。

不透明的物体会遮挡后面的物体呈现，即使是有透明度的遮挡表面，也会遮挡后面物体的光线。人们会根据这种遮挡关系来判断物体之间的深度信息。

举一个例子，图2-43所示为我们做过的一个电力巡检类AR应用，在需要查看的部分有虚拟光点提示，这些提示固定在真实的电力设备上的某个具体坐标点上，在没有对遮挡关系进行处理之前，我们看到的信息面板旁边的蓝色点和黄色点，实际上是在这个真实的电力设备背面的。

图2-43　实物背后的指示图标在实物前面也被显示出来

（6）线条透视。

线条透视是指当平行线向远处延伸时，它们在视网膜像上汇聚成一个点。

如图2-44所示，我们会认为同样的虚拟图片，上面的长度大于下面的长度，这也叫作旁氏错觉。也就是说，在AUI的设计中，你可能会遇到因为环境关系，明明相同的虚拟元素看上去不相同，明明排列整齐的虚拟元素看上去有错位。

图2-44　线条透视

（7）质地梯度。

随着表面向深处延伸，元素密度会变小。如图2-45所示，近处的小草之间的距离还是比较大的，远处的小草之间的距离就很密了，这就是质地梯度。

图2-45　质地梯度

在上述7条线索里，前3条线索被称为双眼线索，后4条线索被称为单眼线索。

但在实际的体验中，我们对世界（无论是真实世界还是虚实结合的世界）的深度感知是由多重线索同时决定的，其中的自动逻辑是人类千万年的遗传基因及每个人从出生就开始累积的经验得来的。合理地利用这些线索，能够帮助用户在虚实结合的世界里建立正确的深度关系。

也就是说，深度关系是在上述7条线索里体现出来的。在之前的UI设计中，我们已经使用了这些线索来构造深度，而在以空间感为关键的AR界面设计中，双眼线索在界面表现上可以用两种方式来处理：第一种方式，可以用改变卡片大小或利用相对大小来体现变化（见图2-42）；第二种方式，可以直接改变卡片对用户的距离来体现变化。双眼和单眼所带来的7条深度感知线索及其设计启示如表2-1所示。

表2-1　深度感知线索及其设计启示

深度线索		设计启示
双眼线索	双眼视差	前后位置关系的交叉注视容易引起双像
	视轴辐合	近处的物体立体感更强
	运动视差	运动的不同速度会让人感知到远近
单眼线索	相对大小	可以让人感知到距离
	遮挡关系	可以让人感知到物体之间的前后位置
	线条透视	平面的UI可以利用透视表现出立体观感，透视之间会相互影响
	质地梯度	同一种环境下物体的疏密会影响深度感知

以元素间的相对关系来表示深度，主要集中在对单眼线索的利用上，在之前的界面设计中我们也经常运用。但在AR界面设计中，我们还可以对物体设定一个具体的距离，来营造更有空间感的深度。

距离的设定，第一，要符合界面本身的信息传递性，如需要用户主要关注的显示信息相比次要信息更近，同一类型的AR内容放在距离相同的位置等；第二，要符合用户实际业务场景的限制，用户使用这款产品是在比较空旷的房间里还是局限在办公桌前，必要的时候可以预先提示用户在更符合产品体验的环境中使用，或通过预警让用户主动规避一些会造成不良体验，甚至是具有危险性的场地；第三，要符合技术当前状态，如需要根据环境识别后的定位数据摆放A类物体。

除了上述3点，我们还可以更灵活地运用距离来营造更具服务性的空间感。

举一个例子，上学的时候，我们坐在教室里，通常与黑板之间有一段距离。一般来讲，老师在黑板上书写粉笔字的大小，以及教室本身的设计，都会尽量保证所有同学都能看得清楚。但这只是在一般的情况下所得出的结论，特殊情况也是存在的。比如，视力不好的同学坐在后排可能看不清楚。又如，坐在离老师最近的一排，除了离老师太近容易紧张，这一排可能也不是最舒适的观看位置。

如果我们让一名学生仅依照观看黑板的最佳距离来选择座位，大多数情况下，这个教室的中间位置才是这名学生的最优选择。

现在，我们把黑板想象成要设计的虚拟界面，这名学生是我们的用户。

在设计虚拟黑板界面时，我们要多考虑界面的一个属性——距离，也就是界面和用户的关系。在教室的场景下，我们可以将大多数情况下的最优选择设定为虚拟黑板与用户的默认距离，那么不管使用前面AUI 4种分类模式中的哪一种，都可以最大概率地实现用户和虚拟黑板的距离是用户最佳的阅读距离。

但再进一步，如果这名学生的选择恰好不是那个大多数情况下的统计值，他是一名会选择第一排位置的学生，此时我们就可以基于默认的情况，允许这名学生自己去做调整。

也就是说，应用可以"更聪明"一点，带一些服务性的思维。比如，当虚拟黑板出现后，这名学生向前移动了一步才去观看，那么我们可以在这个场景下认为他期望的最佳距离是比默认距离还要近一些的距离。如果我们之前做过用户数据存储，就可以把这一特定的偏好记录在这名学生的名下，经由学生确认后作为他与虚拟黑板的默认距离，而不需要他去做手动调整。

这个"更聪明"一点的交互就是灵活地运用了A类模式和C类模式的转换，因为C类窗口与用户的距离是在一定范围内的一个可变值。当C类元素出现后，因为没有达到一定范围的设定标准，用户即使往前或往后一点，它也是不会跟随移动的，所以短时间内可以认为它属于A类元素，用户可以利用自己的行为微调元素和界面的距离。假设我们在Z轴上把这个一定范围设定为0.5m，就有了图2-46所示的内容。

图2-46中的可变值Z的范围可以根据不同应用场景而设定，但需要在最大和最小的两个极限值之内，这两个极限值是基于设备性能和人的生物性而确定的。

拥有正常调节能力的人眼能观察到的范围是鼻前7.6cm至人能看到的最远的地方，而且随着年龄的增长，晶状体的浑浊会导致最近的这个距离逐渐变大。所以一般来讲，虚拟影像的显示应设计在大于10cm的地方。而显示的最远距离也不可能无限延伸，即使没有遮挡，也会受当前AUI所依托的设备本身的性能和技术的限制。

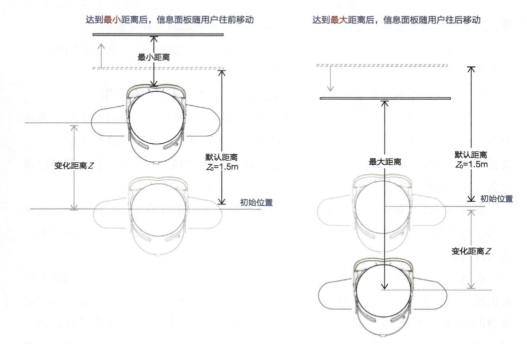

图2-46 C类模式中"一定范围"的灵活运用

在AUI场景的设计中,我们需要关注深度带来的空间感,距离是空间感的一种具体的体现方式,这种用户感知可以通过元素之间的对比来实现,也可以通过元素本身相对于用户的距离设定来实现。

2.8.2 朝向

在手机、计算机等屏幕UI的设计中,由于我们大多面对的是二维界面,朝向问题可以忽略不计,但在AUI的场景中,除非你的虚拟元素是一个从各个角度看没有任何区别的圆球,否则朝向就是一个需要考虑的问题。

朝向,是指虚拟元素用哪个角度面对用户。在这里,我将朝向具体分为静态朝向和动态朝向两种。静态朝向是指当用户视角固定时,虚像面对用户的那个角度。动态朝向是指当用户视角发生变化时,虚像面对用户的角度。

静态朝向比较好理解,是指虚像用哪一面面对用户,通俗解释就是"哪一面才是正面"。

正面是一个相对的概念，用在不同的场景和不同的内容中，它的含义都不尽相同。比如，在"距离"要点中提到的黑板，它的正面肯定是能够写板书的那一面。又如，我们看的纸质书，它的正面就是封面，封面是阅读的起点。有一些事物没有传统意义上的正面，如床，没有床头的那三面都可以称之为正面，但如果有一面靠墙了，一般就不会把那一面叫作正面了。又如地球仪，好像它的任何一面都可以称之为正面，无论它摆在哪里都是一样的，看不出正反，但如果需求再细致一点，假如你要看的是中国，那地球仪的正反就非常明显了。

无论我们设计的这个虚像是否有传统意义上的正反面，或是否能根据场景区分出正反面，用户都需要一个看的角度，不同的静态朝向会使用户产生完全不同的观感印象。

图2-47以同一个长方体为例，假设人观看的角度不变，那么不同的摆放方式就会使用户产生不同的印象。

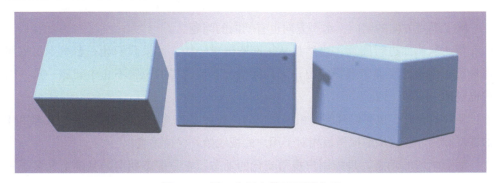

图2-47　同一个长方体的不同角度

再以"距离"要点中的教室场景为例，即使坐在教室中间观看黑板最佳的位置，由于学生坐着的姿态相对于真实黑板来说偏低，因此依然需要不断抬头去看板书，即使抬头的幅度不大，但次数稍微一多，学生就会觉得脖子累。

如图2-48所示，在教室的场景中，学生的阅读视线与黑板面垂直线形成一定的夹角。如果黑板是我们要设计的虚拟内容，那么这个角度可以被设计得更适合阅读。这就是朝向的问题。

由于生理和习惯的原因，在朝上看和朝下看两者之间选择，我们感觉更舒适的阅读姿势是以微微俯视的角度朝下看。研究表明，这个角度大概是水平视线往下10°。比如我现在打字的时候，会将屏幕和键盘的夹角调整到大于90°，这让我工作起来更加舒适，我们平时拿手机和平板电脑看电影的时候也一样。

图2-48　学生阅读板书时的朝向角度

除了垂直方向的朝向，水平方向也有朝向的问题。

相比从侧面进行阅读，当然是从正面阅读更轻松。如果我们让一名学生仅依照观看黑板的最佳距离来选择座位，大多数情况下他选择的位置不止中间那一排，同时也包括中间那一列。

朝向的设计，也可以理解为根据用户的位置和姿态，让这块虚拟黑板以 X 轴和 Y 轴进行旋转，使这块虚拟黑板相对于用户的视线始终保持垂直。

动态朝向的动态，是指用户视角变化的动态，它在静态朝向的基础上又多了一层考虑，通常用来根据用户在运动过程中的行为设计"更聪明"的隐性交互。这里的运动不止包括走动带来的视角变化，还包括抬头、转头带来的视角变化，如俯视和仰视。

动态朝向里的朝向，是指虚像面对用户的角度。它可以是变化的，也可以是不变的。也就是说，在动态朝向里，虚像的朝向可以是静态不变的。举个例子，我们边看手机边走路，虽然我们处于动态变化中，但手机的朝向相对于我们而言是基本不变的。

有意思的是，如果这个角度相对于用户是变化的，一般情况下它就应该相对于某个实物或者地面是不变的。如果这个角度相对于用户是不变的，一般情况下它就应该相对于某个实物或者地面是变化的。好的设计会使用户产生确定感，基于某种参照物相对不变会使用户更容易了解和把握应用的内容。

在设计动态朝向时，有时候可能会和4种分类模式混淆，虽然它们的确有一定的关系，但属于两种不同性质的设定。动态朝向里的用户视角变化，影响的是物体本身的旋转度；分类模式里的视角变化，影响的是物体的位置和移动方式。

举个例子，图2-49所示的方块有6个面，我设定3号面为正面，并且它的动态朝向定义是无论用户怎么动，这个面都垂直用户视线并正对用户。如果这个方块是A类元素，那么它的位置会始终固定在图中场景的那个位置，这并不影响它本身随着用户视角的变化而旋转，保证只要用户看过来，自己的3号正面始终面对用户。

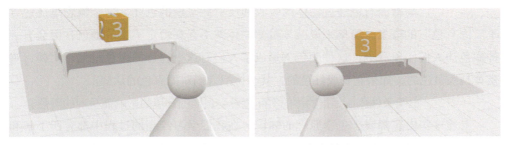

图2-49　3号面的朝向基于用户姿态的动态变化

另外，动态朝向是指元素自动变化的角度，主动的交互操作所引起的朝向变化不属于我这里讨论的动态朝向。

朝向实质上是针对虚像的 X、Y、Z 这3个轴的定义。静态朝向定义了3个轴的方向，动态朝向定义了在用户视角发生变化的时候，元素在3个轴上的旋转度的变化设置。

同一个设计元素、同一种分类模式，在朝向上对3个轴的定义不一样，就会产生不一样的体验。

无论AUI所接入的硬件终端是手机、计算机还是眼镜，朝向作为物体的一个基本属性都是需要考虑的，即使是二维UI，因为被纳入了三维环境中，也就有了朝向问题。

其实不止AUI，朝向在我们现在的屏幕UI设计中早已存在，只是因为相对于屏幕固定的D类模式可以将一部分朝向定义的工作留给用户。用户通过改变拿手机的姿势或者调整计算机屏幕的方式自己进行朝向调节，也有很多附件（如支架）可以解决朝向所造成的体验问题，这一直都在，并没有消失。

2.8.3　色彩

按色彩对物体进行区分的话，我们可以把物体分为发光体和非发光体。非发光体的物体本身是不发光的，我们之所以能看到它们的颜色，是因为不能被物体吸收的光线被反射到我们的眼睛里，再经由我们的眼睛传递给我们的大脑。所以，我们所感知的色彩应该包含3个方面的影响：光源的照射、物体反射的可见光、环境与空间的色彩影响。也就是说，我们感知到的色彩是由光源色、物体色和环境色共同组成的。

光源色， 是指各种发光体所发出的光线，它对物体颜色的影响主要体现在高光部分。

物体色， 是指固有色经过物体的吸收和反射后呈现的色光。这个概念里还包含了"固有色"的概念，简单来说就是虽然物体并不存在恒定不变的颜色，但会有一种颜色让人们印象深刻，这种颜色就形成了人们对这个物体的颜色记忆。比如，鸡蛋黄是浅黄色的，如果它变成红色的，就会挑战人们对固有色的认知。

环境色， 也叫条件色，是指物体的实际色彩受到周围环境的影响而呈现的颜色。

上述这些内容都属于色彩原理的知识，在我们学习绘画的过程中都有所了解和运用。而AUI虚实结合的基本特点，注定了它在与真实的物理世界相结合的同时，也会受到物理世界色彩的影响。也就是说，我们所绘制的虚像本身也是一种物体，它给用户呈现的色彩也是由光源色、物体色和环境色共同形成的。

在AR主流的两种显示方案中，即使稍微简单的视频显示方案，也需要考虑视频摄入画面的实际情况对UI本身的影响。为了能够更直观地说明这种影响，图2-50以常用的相机应用界面设计为例，可以看出大部分相机应用，为了适应摄像头摄入的各种实时画面影像，在做UI的时候都会进行一些背景色、投影等方面的处理。

图2-50 相机应用界面的UI元素为了匹配随机的拍照环境做了处理

其实AUI的设计也类似。

相比较而言，在AR眼镜等头戴设备终端里，特别是光学显示方案里，AUI最终呈现的"用户所见"，差异性会更大一些。这不仅体现在界面本身的色彩上，还体现在我们的感知层面。为了体会这种差异性，我们用相机应用来做一个小测试。

（1）打开你手机里的相机，对准一处景象。

（2）请比较相机画面里的景色和你用眼睛实际看到的景色，色彩上是否有差异？

（3）继续比较相机画面里的景色和你用眼睛实际看到的景色，所产生的感觉是否有差异？

既然我们人眼所看到的色彩是光源色、物体色、环境色的共同体，那么AUI中的虚像带给用户的色彩感知也是一样的，正如你刚才从相机里看景色和你用眼睛直接看景色所体会到的差异。

具体来讲，我们在做AUI设计时可以采纳以下几条色彩建议。

- 纯黑色在AR光学眼镜中会显示为全透明。
- 颜色会根据真实世界光线强弱显示出不同的透过率。
- 适当调高虚像的色彩饱和度和亮度。
- 不同屏幕参数、设备性能和设置造成的色彩不同依然存在。

我们分别来聊一下这几条建议。

纯黑色在AR光学眼镜中会显示为全透明。

其实这算是现有技术方案的一个诟病，暂时没有解决方案。纯黑色在AR光学眼镜设备上完全看不见，但需要注意的是，如果直接截图或者传输此AR光学眼镜的实时视频流到其他计算机、手机终端，在不做额外处理的情况下，这种黑色会被看见，如图2-51所示。保险起见，如果可以，出图时还是建议使用有透明通道的PNG格式。

图2-51　纯黑色在AR光学眼镜中会显示为全透明

颜色会根据真实世界光线强弱显示出不同的透过率。

晴天和阴天，室内和室外，因为透过率的不同，同一组UI素材所呈现的视觉表现可能完全不一样。

图2-52所示为使用Hololens1测试的截图，完全不透明的图片在设备的摄像头截图中呈现轻微透过率，而佩戴时人眼实际看到的颜色透过率会更高。

图2-52　颜色透过

由于有透过率，在AR眼镜里直接观看微渐变和纯色并没有太大区别，但大面积的纯色依然会使画面显得较为呆板，不过过多的渐变色又会消耗更多计算机的性能，因此设计时需要在两者之间做取舍和平衡。

适当调高虚像的色彩饱和度与亮度。

虚像放进场景中，本身色彩显示的饱和度和亮度会降低。这一点和第二条建议其实都涉及一个技术名词——光效率。在使用AR眼镜的过程中，同时有两类光都需要投射到用户的视网膜上：一类是真实的物理世界投射的光线，我们因其才得以看到实景；一类是虚像投射的光线，我们因其才得以看到虚景。这些光线到达视网膜的效率就是光效率。为了提高光效率，在光学显示方案中进行AUI设计的时候，就需要提高色彩饱和度。

过暗的色彩由于反射光线太弱，在实际佩戴时会非常不清楚，适当调高色彩饱和度会让虚像更清晰。但如果大面积运用过高的色彩饱和度，在室内较暗光线的条件下会比较刺眼。

所以，区分设计应用的使用环境非常重要。在现有技术条件下，一般不建议AR眼镜在室外或光线过强的室内使用，但有时候遇到不得不在室外使用的场景，可以通过高饱和度的运用来调节实际观看时的清晰度。

不同屏幕参数、设备性能和设置造成的色彩不同依然存在。

和屏幕UI设计一样，不同显示屏幕本身的参数和相关设置造成的色彩不同在AUI

设计中同样存在。这一点，对于视频显示方案和光学显示方案都适用。

由于AUI色彩运用会根据场景、设备的实际情况变化而有所不同，甚至在同一个场景、同一个设备下，由于时间不同而造成的光线不同都会影响最终界面颜色的观感，所以最朴素的办法就是设计完成后多去看看。通用的UI设计流程依然非常适用于AUI的设计流程。

在行业和技术还未得到充分发展的现在，开发成果的实际效果验证会成为设计中非常重要且必不可少的一环。如果有条件，设计师最好能够在场景发生的实地进行多次验证，保证最终的观感色彩和预想的设计效果一致。

如果加上屏幕UI设计本身需要关注的设计要点和准则，我们可能有非常多的东西要兼顾和探索。但总体来讲，在设计这个新环境时，我们最好不要违背已经长久存在于真实世界的基本认知（除非某些确有必要的特殊情况）。比如，黑板的虚拟内容，我怎么看都应该不会歪掉；又如椅子的虚拟内容，我怎么看它都应该是立着的，除非我去推倒它。我们应该知道，遵循或利用人类普遍的朴素认知，从旧有习惯中推导出新的方式，更容易降低我们进入这个虚实结合世界的学习成本。

当代著名的认知心理学家史蒂芬·平克说过："当今这个由科学技术造就的令人炫目的新世界周期太短，大脑还缺乏理解这个世界的进化构造，我们需要不断学习才能理解，设计师的任务就是尽可能帮助使用AR新技术领略虚实结合世界的用户，尽可能轻松一点吧！"

距离、朝向和色彩其实都是从空间的设计中拆分出来的。正因为一个AUI的场景是建立在一个实实在在的空间之上的，所以才需要在设计中关注距离、朝向和色彩，因为它们构成了用户当前的AUI空间。

当把AR界面也当作这世界中的一部分时，我们在设计的时候做这些考虑就会比较顺其自然。我们研究AUI带来的深度感知，探讨它的色彩运用，再到考量它与用户的距离和朝向，无外乎是因为在AR界面的设计中，我们设计的落脚点"虚拟界面"也属于虚实结合世界中的一员，它和一张桌子、一面墙没有任何本质的区别，会被其他物体遮挡也会遮挡其他物体，会随外界光线变化而有深浅不一的时候，会因为观看的距离和朝向而让人产生不同的感觉……

正如本章开始所说，AUI设计师最终要去设计的是一个新的环境。这个新的环境是用户所见界面，不是用户界面；是一个真实世界的升级，不是简单替换掉真实环境的画面。

与AR界面设计相关的概念如图2-53所示。

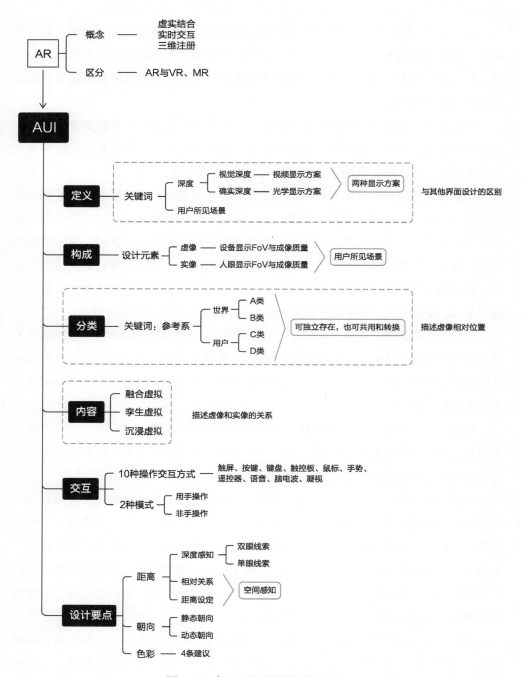

图2-53　与AR界面设计相关的概念

第3章

体 系

在第2章中，我们从各角度讲解了AR界面设计需要掌握的知识点。然而，任何专业都不是一个个独立的知识点所能成就的，这些知识点必须在你的认知里连接成网，才能"活"起来，才有运用的可能。如果说之前的概念还局限在界面这个单一的属性中，那么本章我们会借助人机交互这个系统，打破界面的局限，让所有的概念可以有路径从界面中流动出去并连接起来，构成体系。而让这些概念能够从界面中流动出去的关键，就是让界面不再只是界面，而是成为一个触点。

3.1 人机触点AUI

我们与人沟通，不需要了解这个人的大脑如何运转、心脏如何跳动、认知系统如何工作等，我们只需要通过这个人的面部表情、肢体动作，用语言和他交流。与机器的沟通也是一样的，我们不需要了解它背后的硬件是怎样构造的、代码是如何生成的，而只需要通过界面和语音等外在表象与它沟通、交流。

正如在2.3节中提到的一样，AUI只是一个人机交互的触点，是一种界面形式，可以被分为AUI场景本身（Augmented User Interface）和AUI产生的用户交互（Augmented User Interaction）。在第2章，我们着重介绍了设计AUI场景所需要涉及的一些知识点，本章会通过触点这一概念，将形成AUI的这些知识点支撑起来，形成整体的智能化体系。

3.1.1 UI触点

顾名思义，触点可以被简单地理解为相交的点。人与人、人与环境、人与机器都可以有相交的点，我们通过各种不同的外在形式与其他对象发生互动、产生联系，形成信息的交流互换，UI就是信息交流的一种形式。

这种信息交流的形式，就叫作人机交互。

为什么说UI是人机交互的触点呢？

这是从信息通信的角度来表述的。

图3-1所示为经典的通信系统模型香农–韦弗通信模型。这个模型由美国贝尔实验室的香农和韦弗于1949年提出，后来被作为信息论的基础广泛存在。

在这个模型中，不管是由发射器转换讯息到信号的过程，还是由接收器转换信号到讯息的过程，我们都可以把这种转换统一理解为对信息的加工，只不过讯息属于被理解后的、有语义含义的信息，而信号则是还没有被理解的信息。

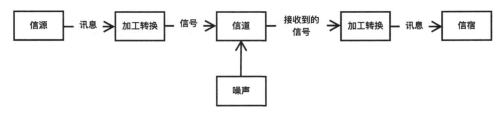

图3-1　香农-韦弗通信模型

信源是信息的源头，是信息发出方预计传递的内容。信宿是信息的尽头，是信息最后到达接收方时被解读的意义及状态。如果信息可以在两个系统之间不断地交互循环进行通信，那么同一个系统既可以接收信宿，也可以发出信源。所以，我们可以对图3-1进行一次扩展，如图3-2所示。

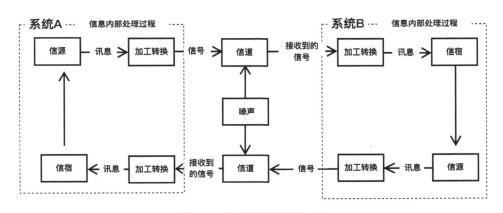

图3-2　通信模型闭合循环图1

假设系统A为人，系统B为机器，那么图3-2就变成了一张人机信息交互图。界面在某种意义上替代了信道的作用，作为机器系统B的表象，链接了作为人的系统A。那么，最终图3-2可以表达为图3-3。

在图3-3中，界面作为人机交互的触点占据了中间的位置。它表达了无论是AUI还是其他界面，我们所要设计的不仅是那个触点，还包括触点所代表的意义和两端。

如果单看信息方向，图3-3可以被抽象成一张更简单的图（见图3-4）。Hollnagel和Woods两位教授在2004年他们合著的《联合认知系统》一书中，同样用香农-韦弗通信模型抽象出一张人机交互的概念图，界面作为联系两个系统的交汇触点位于两者中间的位置。正如我们所说的那样，此时界面作为双方信息通信的触点而存在。

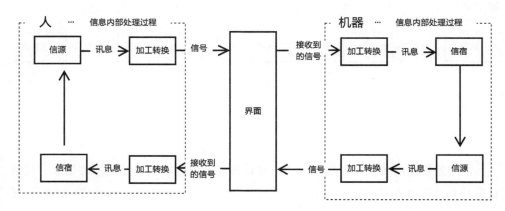

图3-3　通信模型闭合循环图2

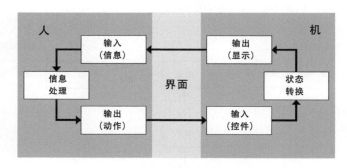

图3-4　通信系统模型扩展

在这里，UI并不一定单独存在，我们按压当下的触感、点击伴随的音效、感受温度带来的效用，都是可以和UI一起形成人机交互触点的，这是一个综合作用的过程。我们在设计的时候，不过是以UI为主，形成了一个完整的触点而已。这句话的另一层含义是，在设计时，除了关注UI的视觉部分，声音、触觉、温度等都可以作为供设计师调用的元素。

AUI也是一样的，是人与机器接触的触点。

无论人工智能系统如何发展，人与机器之间的互动都必须通过界面或其他用户能感知到的层面来达到沟通目的。整个用户体验（User Experience，UE/UX）也需要以用户能够感知的层面作为设计落脚点。而AUI作为技术带来的一种新的信息呈现方式，是技术产生的新UI模式。我们设计AUI这个界面，是在设计用户通过这个界面触点与技术发生关联的交互行为。

至于为什么以视觉性的UI为主，则是由我们人类的生理特性决定的。

视觉作为人类最为复杂和高度发展的重要感觉，在我们获取的所有外界信息中占有很大的比例，达到输入体内的全部感觉信息的一半以上，而嗅觉、触觉、听觉、味觉等加起来也没有视觉多，所以设计师的确需要花更多的力气在UI本身方面。

对于AUI，我们所认知的UI设计本质并没有改变，屏幕UI设计中的很多原则和经验都是通用的，只是因为直接融入了环境，我们需要更兼容地考虑用户与机器的关系。机器增强了现实，变成了环境的一部分，人与机器、人与环境这两个前提开始融合为一体，用户看到的虚像是基于他们当前所处的真实物理环境而构建的。就像图2-11中所展示的那样，AUI设计师要去设计的是一个新的环境，重点在于场景，而非界面。

3.1.2 触点的意义

由于人类更多是通过视觉系统从外界获取信息的，那么当机器出现后，我们从机器处获取信息通常来说也更多依赖于视觉系统，因此这是UI而不是以触觉、听觉、语音为主的其他交互方式能够占据人机交互中枢位置的主要原因。

在计算机诞生依赖的过往经历中，图形化界面的出现和发展大大降低了人们与机器对话的学习成本。回想最初作为机器与人类接触的那些代码，就可以知道UI在其中所起的巨大作用了。

UI经历了从仅仅为技术服务，到关注用户体验、倡导以用户为中心的过程。要使设计发挥出更大的作用，设计师必须具备理解界面背后内容的专业知识和相关经验。

如果说杰西·詹姆斯五层体验要素中的战略、范围、结构和框架4个层次给了界面垂直方向的支撑，那么触点在这里的意义就是给了界面水平方向的支撑，如图3-5所示。

在垂直方向上，为了更好地设计这个界面，设计师应先理解产品在战略层、范围层、结构层和框架层的构思和定义，然后才能把这些内容更好地反映到最终表现的UI中。

在水平方向上，为了更好地设计这个界面，设计师应理解对于用户来说、对于当前的技术来说、对于使用的目标场景来说，什么信息需要在这个时刻沟通和反馈出来，这些信息的主次和顺序是什么样的。

除了对界面的支撑，相比其他UI，AUI在设计时有两个主要的问题也可以经由触点这个概念来优化。

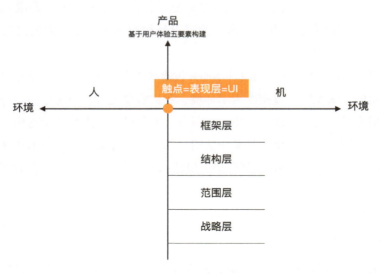

图3-5 触点的意义

我们知道，人类需要漫长的时间来进化大脑，而科技发展之快，大脑还缺乏理解当今这个由科技造就的令人炫目的新世界的自然能力，人们必须通过不断的学习才能掌握更多必要的知识。越先进的技术，时间能够提供给用户的经验就越少，用户的学习成本就越高，AUI所面临的问题正是如此。所以，AUI的设计更需要我们利用技术的先进性，理解用户和当前场景的信息需要，在界面上以尽可能少的认知负荷来满足目标。

AUI这个触点所连接的既有人机关系中的用户和机器，也有二者所在的物理环境，也就是虚实结合中的"实"。和其他人机关系中现场环境所带来的影响不同的是，这个环境实实在在地出现在界面里，并以用户所见场景的形式存在。

在设计时，我们能够真正去设计的其实只有虚实结合里的虚像。这是我们设计的实际落脚点。别扭的是，虽然我们不能设计实体部分，但用户在使用的时候却是面对虚实结合的整体界面。于是，用户在使用的时候，并不会有意识地区分，当然，也不需要去区分哪里是设计师能够设计的，哪里不是设计师能够设计的。基于此，如果只局限于这个落脚点的"虚"，就无法真正地设计好虚实结合的用户所见场景。

也就是说，AUI这个界面，由于实际物理环境本身不可直接设计的特性，导致了它在被设计时，具有更多的不确定性。这是AUI所面临的第二个问题。

如果只是把界面当作界面本身来设计，这种不确定性就很难避免，用户面对AR

了解决问题的钥匙，可以帮助我们借助于触点所关联的内容来降低上述两个问题所带来的影响。

人类的灵活性和用户群体的心智特性、计算机强大的计算能力和理性认知能力、环境本身带来的范围限定及目标场景所带来的指导方向，它们本身所具有的属性及它们经由触点相互作用后，能够帮助我们在设计AUI时找到更合适的方案。也就是说，将界面理解为触点后，触点所连接的机器、用户和环境，就可以成为我们设计时的助力，解开AUI的设计难点。AUI触点的连接对象如图3-6所示。

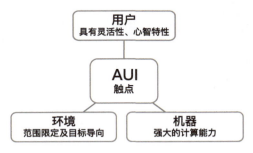

图3-6　AUI触点的连接对象

3.1.3　智能化的触点：AUI

我们在3.1.1节从信息通信的角度，探讨了为什么说UI是人机交互的触点，在3.1.2节讨论了触点对UI的意义，触点给了界面本身以水平方向的支撑，也成了解决AUI两个问题的钥匙。

那么，在智能化的进程中，AUI又处于什么位置呢？

随着智能化的进展，技术的发展日新月异，人机交互的触点当然不止AUI一种，声音、温度、震动等现在已有的和未来将有的，都可能成为智能化时代下的人机触点。但是，只要绝大部分人80%以上的信息来源都出自视觉，以可视化形态存在的界面就必然还会存在，而AUI，特别是光学显示方案中的AUI，则是比现有UI更适合智能化的触点。

首先，从信息传递本身来讲，AUI可以和真实世界无缝结合，且更具有直观性。

如图3-7所示，用融合虚拟的内容显示模式将这张桌子的价格、尺寸等信息虚拟化地显示在真的桌子旁边，会比让人看到这张桌子还要去别的地方查一查价格和详情更直观，桌子的信息不需要再经过一个中介信息（如桌子的照片）传递出来。

图3-7　信息传递的直观性

其次，从发展潜力来讲，AUI依托光学设备的FoV范围，只要技术发展，它不仅可以接近甚至超越人眼视角，而且不受屏幕硬件尺寸的约束。

如今，"比更大还大"的广告语只存在于几年前的手机推广里了，即使硬件设备和技术都可以支持，我们也不想拿着一个比平板电脑或计算机更大屏幕的手机吧？有形的硬件设备本身成为屏幕UI发展的限制，但如果以AR眼镜为硬件终端，那么界面显示的区域扩大，是不会影响硬件设备本身大小的。因为界面显示区域和屏幕并没有直接关系，用户所看到的界面场景并不是放在一个实际的屏幕中的。

虽然现在在现实FoV上依然有技术瓶颈，但作为人类来讲，注意力本就有限，周边视觉大多数情况下又模糊不清，因此需要技术去发展的高度也并不是真的那么遥不可及。就如同我们在前面谈论的那样，触点这个概念不仅能支撑我们界面本身的设计，还是我们解决AUI问题的钥匙，我们可以不断地从触点所连接的机器、用户及环境中去寻求更优的解决方案。

AUI本身并不代表智能化，只有当我们将智能化赋予AUI这个触点的时候，它才变成了我们想要的AR界面。在以这个触点为连接的不同系统相互作用的过程中，人与人、人与机器、人与环境在虚实结合的增强世界里会变得更加一体化，只有在所有技术综合运用的一个新环境中，AUI才会成为更有效和更有用的信息交流方式。

3.2　触点两边之：机器

3.2.1　机器模式

机器模式是计算机的运行方式。如果说用户有自己的心理模式，那作为与之进行信息通信的另一个系统（计算机）也应该有自己的模式，也就是映射技术的实现模式。你可以把这个模式看作由一行一行代码组成的，拥有严谨逻辑结构，以实现对信息的接收、存储、加工和最终输出的一种运行方式。Alan在《交互设计精髓》这本书中曾谈到这个模式，他认为机器模式主要是指软件如何工作，因为软件开发工程师必须按照一定的方式开发软件，才能确保这些从外部输入的信息被计算机理解并且转换为信源，待下一步与用户通信使用。

虽然这里的机器模式也主要是指软件的运行方式，但要提醒的是，在实际的运用中，我们可以将其理解为计算机的运行方式，因为计算机（包括AR眼镜等各种形式的设备）本身是包含软件和硬件两部分的。

这样理解的意义在于：在设计时我们可以始终保持更开放的态度，而不要被技术限制住思维。比如，在设计应用交互的时候，我们可以从软交互和硬交互两个方面来考虑。又如，在手势不够用的情况下，我们可以设定硬按键交互，以应对比较关键的操作，实现用户完成某个任务的体验完整性。我们在第2章讨论交互方式的时候介绍了10种操作方式，就是为了在有必要的时候方便我们更全面地考虑，而不是拘泥于技术或业务最初的设定。

在后面，我们会讲解更多与AUI设计息息相关的前沿技术，以帮助大家更好地完成触点的设计。

虽然界面设计早已经从技术主导的轨迹中走了出来，独自成为一个专业发展领域，但了解技术（即机器的运行模式）依然是有必要的。用户体验属于一个综合学科领域，不仅需要设计、艺术等学科的知识，还需要计算机学科的知识。设计要落地，体验要提升，不能靠单一的知识来推进。就像工艺设计师需要了解工艺技术，建筑设计师需要了解建造技术一样，UI设计师也需要了解计算机的基础知识和运行原理。

其实我也看到过不少从计算机行业转到设计行业的人，虽然他们一般在设计本身的知识和技能起点上比设计或艺术出身的设计师低，但恰恰在了解机器模式、让设计落地这方面是有优势的。

而在如今人工智能技术发展的时代背景下，计算机的运行方式和相关工程越复杂，就越需要为触点而进行设计的设计师们去了解机器模式。

在智能化时代背景下设计AR界面、了解机器模式，这里首先要定义一下"智能"。

计算机科学家阿伦·纽维尔和赫伯特·西蒙指出：智能包括确定目标，评估并判断当前情况与目标的差距，最后应用一系列操作以减少这种差距。也就是说，智能主要体现在对信息的处理上，也就是体现在软件层面。

这并不是在推翻我们之前说机器模式包含软件和硬件两部分的运行方式，而是说我们需要在不局限自己的基础上（知道机器模式还有硬件部分），将重心放在软件如何工作上。

计算机专家吴军在得到App的"硅谷来信2"课程中也表达了同样的观点，他认为相比软件程序而言，硬件不是最重要的。他举了一个算盘的例子，使用算盘的人只要掌握了"三下五除二"等一套口诀，就算没有算盘的外框和珠子，也能算数。算盘的口诀就如同软件程序。

因为软件程序完成了对信息的转换加工。

计算机可以做很多事，未来一定还会做更多。但具体怎么做、做得好不好，则要看背后的人如何操作。具体怎么做，计算机怎么工作，这就是机器模式；背后的人，则是技术开发、产品经理、设计师等人员。为了让机器模式在与人的通信交流中表现得更好，更接近用户心理，在设计界面触点之前，我们还要了解技术实现的基本原理和相关边界。

3.2.2　AUI相关技术点介绍

在屏幕UI设计里，我们了解DP的换算、栅格的设定、显示色域的范围、Token的使用原理，也知道界面对于前端来说，不过是一个一个"Box"的概念，而每一个按钮后面，都是一个可以调用的后端接口。UI的背后是机器模式下信息转换加工的方式。而在AR界面的设计中，要实现以界面这个触点完成通信交流，并达到智能化的标准，除AR技术本身以外，还需要许多关键性的技术给予支持。

作为AR领域的设计师，自然需要对这些技术及其基本原理有所了解，以便更好地发挥自己的专长，实现设计，提升体验。

FoV

FoV是Field of View的缩写,在2.4节介绍AUI构成时提到过,它是指人们在AUI里所能看到的虚像显示范围。

FoV很重要,因为我们习惯于依靠视觉来接收信息,其效率也大大高于语音或震动等提示,它能够传递的信息的丰富度是其他方式不可比拟的。

在我们现在比较容易体验到的WebAR、手机AR中,FoV和屏幕很相近。但准确地说,FoV所能显示的虚像范围并不取决于屏幕的大小,而取决于传输视频流的那个摄像头,并且该虚像范围总能和视频流里所展示的真实世界范围是一致的。

从光学显示的角度看,FoV的概念稍微复杂一些。虽然FoV依然可以定义为虚像能够显示的范围,并且比拟为手机或计算机屏幕,但实际上它最终的效果是由整个光学成像系统来实现的。目前,AR的光学成像系统主要包括微型显示屏和光学镜片,通过光的反射、折射、衍射等将光束直接投射到人的视网膜上,这些光线最终可投射的范围才形成这里所指的FoV。虽然这也会让用户更明显地感受到虚像的显示范围不如他实际所看到的真实场景范围大,但"虚像位于真的空间里"的体验感,会比视频显示方案好很多。

虽然我们期望FoV越大越好,这样用户可以看见的虚像范围会比较大,设计师可以设计的画布也会比较大,但FoV越大,光学元件就要越大,紧接着功耗、重量、复杂度、制作成本等都会随之提升,至今这仍然是难以两全的问题。

不过,也有观点认为FoV不应该超过30°。究其原因,一个是从使用上来说,偏小的FoV,那么它基本就不会遮挡用户观察真实世界的视线;另外一个原因是,不超过30°的FoV控制了成本和技术难度,产品的功耗、重量、散热等问题也得到了解决。因此,AR眼镜不需要更大的FoV。

AR眼镜里的AUI设计没有固定的物理尺寸,大小主要由设备里的光学仪器能够显示出来的视场角范围决定,距离越远,虚拟物体能显示的范围就越大。这个距离是可以在设计过程来定义的。但由于设备和人眼等方面的限制,这个距离在设计中并不是定义得越远越好。

现在的光学技术所能提供的虚拟显示区域并不大,以比较先进的50° FoV为例,1080P(1920px × 1080px)屏幕在1.5m距离的显示大小,换算成真实世界尺寸大概为1.16m × 0.51m。

手势识别

虽然前面讲过手势,但是为了在设计时更好地考虑手势的可用性和易用性,我们在这里还需要讲解手势识别的相关概念。

先来了解一下手势FoV这个概念。

手势FoV和前面讲的FoV所依据的原理是一样的，但作用却不一样。前面讲的FoV主要是指显示FoV，即从界面设计的角度，定义为虚像可以显示的范围。而手势FoV影响的是手势可以识别的范围。也就是说，只有用户在手势FoV的范围内做手势，才能被系统识别到，进而产生进一步的交互。而手势FoV的范围大小，取决于拿来做手势识别的摄像头的显示FoV，它一般是ToF相机。ToF（Time of Flight），直译就是"飞行的时间"，是指一种能够获取深度数据的技术，我们将其理解为深度相机就可以了。

对于自然交互来说，"手"是一个关键字，所以在介绍交互方式的时候，我们把所有的操作方式又按照"手"这个关键字分为用手操作和非手操作。

而对于头戴设备来说，手势操作是一种理想的交互方式。这种交互方式符合我们用眼睛看、用手来操作的已有习惯，对物体的抓取、移动等有不容置疑的体验优势。但要在AR的世界里实现这样的交互，首先必须满足用户使用手势的手在机器的FoV识别范围内，否则手无法被机器识别，机器无法做出反馈，最终手势无效。

手势FoV对应的一个概念叫手势效度，即手势在什么条件下是有效的、起作用的。设计时考虑手势效度要辅以动态思维。有的手势只是一个静态手势（几乎在同一个位置做变化的手势），那么它的有效性只需要看用户做出这个手势的时候，是否在手势FoV范围内即可。有的手势是一个动态手势（手势变化的范围很大），要达到效果就得连续地做出动作，比如用双手放大，就是一个典型的动态手势。手势效度取决于在整个动态过程中，手势会不会均保持在可作用的范围内。也许刚开始手势在可作用的范围内，但要放大，两只手必定越离越远，很容易就超出了手势FoV的范围，这种情况就是识别跟丢。

一般来讲，现在手势识别技术所依托的硬件是ToF相机，这种相机的FoV都不太大，因此很容易跟丢。

除了手势FoV及手势效度这两个概念，我们还需要了解手势识别的精度和准度，使其成为我们引用手势作为AR交互手段的衡量条件。

这里的精度是指手势识别技术可以识别到什么程度的手势，是只能区分大动作，还是可以识别到一根手指的变化。Hololens在第一代AR眼镜中定义的用于回到和打开首页的Bloom手势，分别是手的张开和手的握紧这种从轮廓来看区分很大的形态，以及后来可以通过识别每根手指的不同运动就具有不同的精度。

准度是指手势识别技术对手势的识别结果是否准确无误,与其他手势混淆的概率是多少,错误率高不高。

因为手势识别是依托摄像头的,那么同样的手势从不同角度拍摄的结果就不一样,识别的结果也会受到影响。如果手势的动作太快,各种因素导致计算机无法实时跟进,也会因为来不及识别而影响到最终的识别结果。这些都需要设计师在设计时通过对实际使用情况和技术现状的综合考虑来确定最终的设计方案。

3DoF与6DoF

DoF(Degree of Freedom)的意思是自由度,它是受SLAM(实时追踪)技术影响的一种表现。3DoF可以基于3个轴向进行追踪,而6DoF可以基于6个轴向进行追踪,支持3DoF还是6DoF,会直接影响设计时交互设定的自由度。

如果你的界面下方所支持的技术只有3DoF,那么一般来讲,计算机系统只能追踪到设备在3个方向的平移度,或者只能追踪到设备在3个方向的旋转度,如图3-8所示。而6DoF的设备则既能支持平移运动,又能支持旋转运动。

也就是说,3种平移自由度+3种旋转自由度=6种自由度。

图3-8　3DoF和6DoF的区别

6DoF技术可以给用户带来更加身临其境的沉浸感体验。

对于AR头戴设备来讲,设计师可以根据设备自身旋转度的检测,判断用户的头部姿态,从而更准确地定义虚拟内容朝向的问题;设计师还可以根据设备平移自由度的检测,判断用户的运动轨迹和位置,从而更准确地定义虚拟内容距离和动画。总体来讲,AR头戴设备能够通过用户的位置和姿态,提供更好的隐性交互(即不需要用户主动操作的交互)。

因为现在智能手机几乎普遍内置陀螺仪和加速器,所以手机应用大多都可以支持3DoF的应用,如你将息屏后平放在桌面的手机拿起来,它会自动亮屏,这就是3DoF提供的支持。手机上的AR应用,也可以利用朝向变化来进行设计。

再举个例子，如果AR设备只支持3DoF，在设计时你可以设定虚像与AR设备的距离为1.5m，这是一个固定值，不影响界面同时根据设备朝向的变化而变化的效果。但你不能把虚像固定在场景的某处——无论设备如何移动，虚像始终保持在原来的位置不变。这个原来的位置基于世界坐标系，因此需要基于6DoF才能确定。6DoF关系到实时位置的追踪变化，这是一个比较核心也很有难度的技术。

不过，对界面设计来讲，目前我们只要记住3DoF的AR设备不支持4种分类模式中的A类，并且因为无法实时追踪，对B类的支持也不够好就可以了。后面，我们讲其他技术点的时候会继续说明原因。

物体识别

简单来讲，物体识别就是一种识别图像（或视频流的帧）中有什么物体的技术。如果放在本章开头讲的信息通信过程中来理解，就是指机器系统需要靠这种技术来对信息进行加工，这样它才能知道图像里是有一把椅子还是有一只狗。

有了物体识别技术，我们的界面才能基于现有环境中的特定物体去做反馈，这个信息才能够更加实时地动态运转起来。

在设计AUI时，如果设计的虚像需要与真实物理世界的具体物体绑定，那么就需要物体识别技术来支持。更直接一点，如果你设计的虚像是B类窗口，那就需要这个机器系统具有物体识别的能力。不过，物体识别只提供机器认识到这个物体的能力及识别时的位置，如果要与这个物体保持相对固定，还要靠SLAM技术的实时定位来保证。

也就是说，只有物体识别时，只能实现当初我们介绍B类窗口时的第一个场景，当显示区域移开再回来后，很难保证原虚像还和该物体保持相对固定；当原识别物体移动时，B类窗口也无法与物体保持相对固定，除非物体静止后对它重新进行识别。仅有物体识别支持的B类窗口如图3-9所示。

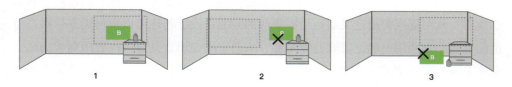

图3-9 仅有物体识别支持的B类窗口

当然，要注意：不是因为要用物体识别，就只能把虚像设计成B类窗口。拥有物体识别只是代表这种技术会给设计提供更多的空间，比如说可以给D类窗口一个出现的时机（识别到瓶子后在屏幕上显示瓶子的信息），或者让之前虚像上的内容根据识别结果进行动态更新。

如果把机器比作小孩子，当我们需要小孩子去认识三维世界中一个叫苹果的物体时，首先需要给他一个真实的苹果或大量的苹果照片并告诉他"这就是苹果"，也就是这个物体的数据，这样再看到一个苹果的时候，他才能准确地认出这就是苹果。机器也是一样的，而这个教机器认知的过程叫作训练。训练这个概念不仅在物体识别中会出现，在其他算法里也会遇到，如我们下面介绍的环境识别。

现有的技术还无法完全比拟人类智能，是否能准确地识别出物体，除了之前输入的数据，还受限于物体本身是否易于识别、这个物体的背后是否有过多的干扰、当时环境的光线是否过于明亮或昏暗等。

物体识别属于一个专业的技术领域，其中所用的技术也各不相同。在设计AUI时，设计师可以和技术人员多进行交流，以此来选择更适合的设计方案，规避当前技术中的一些不成熟的地方，让用户在使用过程中能更稳定和有效地实现任务目标。

环境识别

环境识别是对环境信息的加工。通过环境识别，我们可以实现导航、路径规划等应用。

环境识别可以分为两种：一种是应对全新环境的，需要进行实时建模；一种是应对已知环境的，只需要收集和原有环境数据相匹配的部分信息即可。

对于实时建模的技术方案，由于没有已有模式可以匹配，机器需要依靠新的信息来构建自己对整个环境的认知，这种构建的效果会直接影响到后续虚实结合的效果。

因为实时建模需要一个过程，这个过程因环境的可识别性（和特征是否明显有关）可能会比较长，不仅要求用户有清晰的感知，还需要用户进行配合，所以在界面侧就需要设计引导用户帮助机器完成构建过程的AUI场景。

在环境识别的过程中，设备需要稳定、缓慢地将周围画面通过摄像头传输进去，以可视化的引导帮助机器和用户完成这次沟通。图3-10所示为运动的线性动效和相对静止的光圈动效交替显示来让用户按照收集数据的需要移动头部，以帮助计算机完成实时建模。

对于不需要实时建模的技术方案，也需要输入当前环境的数据进行匹配。但是和物体识别一样，光线、角度、站位都会影响对已有环境数据的匹配，所以可以与技术人员沟通，让界面承担更好的沟通作用。

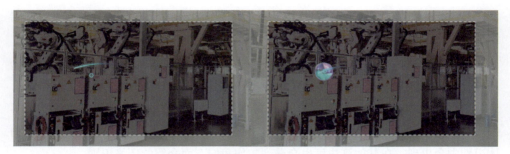

图3-10　运动的线性动效和相对静止的光圈动效交替显示帮助完成环境识别

只有支持环境识别的AUI场景，才可以把虚像设计为A类，并且也允许B类窗口与物体保持实时不变的状态。整体来讲，只有AUI才可以与真实世界产生更深的交互。

特征点

特征点这个术语可以看作SLAM和物体识别所衍生出来的技术术语。我们知道，SLAM和物体识别都需要依赖摄像头的输入，特征点相当于机器的“眼睛”。而在机器看来，一幅生动的图像其实是由无数的像素点构成的，每一个像素都可以翻译成0~256这个范围内对应的RGB数值，如图3-11所示。

计算机实际“看见”的图片：

198	201	126	206	52	38	69	86	71	20
210	235	70	62	80	95	55	71	76	145
96	100	98	218	254	88	86	38	69	187
36	45	65	226	255	23	58	49	87	164
38	56	67	93	18	86	64	123	128	138
64	54	89	56	44	99	258	126	25	43
96	86	77	26	38	97	156	147	56	47

图3-11　计算机实际“看见”的图片

如果你是机器，你觉得这些数字哪个是特殊的点呢？

当某一个像素点和周围的像素点数值特别不一样的时候，这个像素点就成为值得机器去关注的一个特殊的点，它可能代表某个物体的边缘位置，或者某个空间的转角界限，总之这是该图像能够区别于其他图像的关键。

这个特殊的点就是特征点。

当光线变化、纹理太弱（找不出什么特征点），或者背景太"抢镜"时，就会出现很多识别上的问题，这属于技术现有的瓶颈。正常来讲，抛开实时建模，匹配已有数据识别成功也不过是2~3s的事，顺利的话1s就出来结果也不是什么难以实现的效果。

AUI设计师首先要了解什么样的场景效果需要什么样的技术，以评估实现的效果；接着，还要了解可能需要帮助机器系统传递的信息，以进行容错和防错的设计。

SLAM

SLAM（Simultaneous Localization and Mapping，实时追踪）是一种同步定位与地图构建的技术。

如果说物体识别是让机器回答"那个是什么"的问题，SLAM技术就是让设备知道两个问题："我所处的环境是什么样子的？""我在哪？"这种技术最早用于机器人领域，现在则在人工智能领域广泛应用。

我们之前讲的3DoF和6DoF，属于SLAM的一种输出能力，而环境识别则属于它所带来的一种功能。

目前，SLAM技术一般通过设备的相机、传感器等输入设备，经过计算得出自身定位坐标和地图构建。由于SLAM依赖相机等输入设备来进行实时计算，所以对AR设备来讲，用户使用时的位置和姿态、网络延迟造成的丢帧现象、实际的环境和光线强弱造成的曝光现象均会影响其输入。在设计的时候，如果考虑到上述这些情况，就可以在用户使用的时候做出引导或反馈性的设计，以便更好地解决技术限制所带来的用户体验问题。

总体来讲，AUI要"活"起来，真正变得智能，需要依靠的技术不仅包括AR，还包括在未来的元宇宙产业中所有相关联的智能技术，特别是与AR关联紧密的计算机视觉技术。

我们知道，绝大部分人有80%以上的信息都是通过视觉来收集的，而模拟人类智能的人工智能，也需要有它的视觉系统。

很显然，人工智能的视觉系统有两个基础的组成部分。第一，人工智能的视觉系统需要有能对真实世界进行感知的传感器，如图像采集系统（摄像头及其相关设备）、光学模块等就是来做这种感知的。第二，感知了以后，人工智能的视觉系统需要对看见的信息进行加工处理，并有一定程度的理解，这部分工作由视觉智能算法等软件程序来完成。这两部分构成了计算机的视觉系统，而支撑这一系统的技术

被统称为 计算机视觉技术。计算机视觉技术是一门研究如何使机器"看见"的技术。前面介绍的物体识别、环境识别、SLAM等，其实都属于计算机视觉技术。

AR所提供的只是界面的显示方式，在以用户为中心设计界面的实际设计过程中，除了上面介绍的这些，你可能还会遇到更多需要了解的技术点。正因为界面处于人、机两个系统的中间，所以要发挥触点的作用，更好地做到以用户为中心，设计师反而不能忽视人机交互中的另一个系统，即人。只有对人、机两个系统有基础的了解，设计才成为艺术和科学的结合体。

3.3 触点两边之：人

了解完机器，接下来我们了解界面这个触点的另一边：人。我们关注用户群体，倡导和推广以用户为中心的设计理念，构建用户画像，实地访谈，以各种形式收集用户反馈，都是为了更深入地了解触点所对接的这个系统：人。

在具体的场景中，虽然每个人、每个群体都很不一样，但人类有一些共同的特点，比如我们通过眼睛去看、通过耳朵去听、通过鼻子去闻、通过肌肤去感受……这个世界的信息经由我们的感官摄入，在我们的脑海里进行加工和转换，最终做出判断和决策。

在这一节，我们将从认知心理学的角度探讨用户这个系统。首先，我们先从用户心智开始，看看心智到底是什么。接着，我们依照信息处理的顺序依次介绍视觉、听觉、触觉、注意力、知觉、记忆和推理判断对设计的影响。然后，我们聊一聊人的情感和不理智给AUI设计带来的启发。最后，我们谈谈用户模式。

3.3.1 心智模式

自用户心智被引入产品设计这个领域，我们就不得不面对一个很复杂的问题——心智到底是什么？

心智是心理和智能的表现，是人们通过经验、训练和教导，对自己、他人、环境及其他所接触的事物形成的认知模式，是人类的心理活动。心智可以让我们看见、思考、感觉、交流，以及进行更高层次的追求。

心智可以和大脑、基因、意识、潜意识、人性等许多话题相关联，抽象地说，它使我们能够视物、思考和行动。由于我们最终要谈论的是AR技术下的人机交互，所以基于本章开始介绍触点时引用的信息通信理论，这里主要从两部分来介绍心智：类似于机器的理性部分和与机器不同的情感部分。

第一部分，和人机交互中的另外一个系统一样，我们把心智看作信息处理和加工的整个过程，将我们看见的内容、认识的世界、秉持的信念、期望的意愿都抽象为符号化的信息。这样，我们就可以像理解计算机如何工作一样理解我们自己的心智是如何工作的了。

就以欣赏书桌上的一朵花为例，我首先要用眼睛看到它，也就是说，这朵花要存在于我的视野内。而考虑到我视野内同时肯定还有环境里的其他东西，这就需要我的注意力让我关注它，接着才有机会让我认出它是一朵芙蓉花，并且让我感觉赏心悦目。这整个过程都可以归属于心智的范围，如图3-12所示。

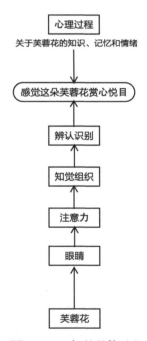

图3-12 心智的具体过程

我们把上述整个过程抽象出来，就是一个感知觉的加工过程。芙蓉花是外部的环境刺激，眼睛是我的感官器官，从环境刺激到感觉的过程是通过我的感官器官输入的；接着，经过注意后的环境刺激被我知觉，芙蓉花这个视觉刺激在我的意识里形成一定的结构和形态；最后，经过我主观理念的作用，芙蓉花被辨认和识别，并且让我产生最终的感受。如图3-13所示，基于感知觉认知过程既包含自下而上的加工，又包含自上而下的加工。

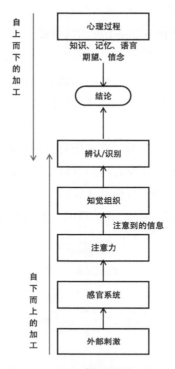

图3-13 基于感知觉认知过程

前面讲述主要集中在人类心智自下而上的加工过程，它更多描述的是心智的"智"，也就是这种模式的理性部分。而另一部分则是来源于人之所以区别于机器系统的情感部分。它存在于自上而下的加工过程中的心理过程，是情感、信念、期望、情绪等非理性因素带来的潜在影响。这些非理性因素的存在对整个心智模式的影响，可以从丹尼尔等心理学家的双系统理论中找到论证。

双系统理论是关于决策判断的理论，是人们在认知和决策判断时所采用的两种思维模式：一种快，一种慢。双系统就是指两种思维模式。心理学家斯坦诺维奇和韦斯特率先将这两种系统命名为系统1和系统2。系统1是无意识且快速的，没有感觉的，完全处于自主控制的运作；系统2则是需要耗费脑力的大脑活动，如复杂运算这种受控制的运作体系。而心智模式的情感部分，就在系统1的运作中体现出来。

图3-14所示为一张经典的视错觉图，我们可以看到两条带有不同尾部形状的线段，这两条线段的长度其实是相等的，但我们看这张图却总认为它们是不一样长的。

我们的感觉总是和我们的理智互相拉扯，这种感受很不舒服。当设计师了解到这种情况会出现时，可以在设计中进行调整。如图3-15所示，我们应在界面上保持视平衡上的一致，而不是仅仅保持实际上的一致。

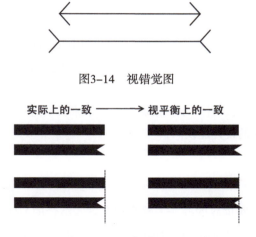

图3-14 视错觉图

图3-15 实际上的一致和视平衡上的一致

在大多数情况下,我们心智中快速且冲动的系统1会直接占据主导、下定结论,不让理智的系统2有站出来进行纠正的机会。而设计师为了减少用户的认知负荷,更多的是希望利用系统1的特性而不是利用让用户费尽脑汁的系统2。于是,系统1的特性成为设计UI时最为关注的部分。

系统1有哪些特性呢?

- 它会对强度等级有一种直观的匹配性描述。若用音效来表示罪行,那么杀人就是强音,而不缴停车费就是弱音。
- 它会注入自己的期望,根据周围环境的反馈来确定模糊的信息。比如,在A和C中间就是B,而在12和14中间就应该是13。
- 它会不自觉地响应锚定效应。比如,我们觉得和10010元中的10元相比,110元中的10元似乎要更值钱一点。
- 它会表现出禀赋效应,敝帚自珍。比起得到的乐趣,失去的痛苦会让我们更加在意,宁愿维持现状。
- 它会体现出对风险或令人不愉快事物的规避。解决痛点的产品一定比只解决爽点的产品更容易抓住人心,因为改变不利之处比增加有利之处的产品表现更为突出。
- 它可以影响我们的记忆,冰手实验[①]里只稍微改变一下实验条件,就让大家选

---

① 丹尼尔·卡尼曼与同事进行的一个实验,让被试者用两只手分别做两种实验。第一次用冰水浸泡一只手60秒,第二次用冰水浸泡另一只手90秒,但后面30秒的水温会升高1℃。结果显示,多数被试者认为第二次相对体验更好(被试者未被告知实际浸泡时间)。

择了在冰水中再泡90秒，而不是只泡60秒。这个实验也论证了体验效用里的终峰理论和过程忽视模式。

我们一旦了解了心智共有的这些特性，就可以在设计的过程中去运用它，如同为了保持视觉平衡而不拘泥于实际的一致性一样。我们如何认知这个世界的模式很重要，它会决定用户如何去认知虚实结合后的AR世界。和之前做UI设计一样，它也会对我们进行AR界面的设计产生直接影响。接下来我们进一步介绍心智模式中的各个方面和基于此产生的设计建议。

3.3.2 视觉系统

我们将用感受真实世界的办法去感受这个虚实结合的AR世界。绝大部分人80%以上的输入信息都属于视觉信息，环境、亮度、对象、色彩、形状……包括我们所设计的界面本身，都是和我们的视觉系统直接关联的。这些信息由我们的眼睛来接收，成像于视网膜上，继而被我们感知和识别，因此，我们的很多设计原则和建议也来源于对视觉系统的研究。那么，对于AUI的设计而言，我们还可以得到哪些设计上的启示呢？

我们对深度关系的判断有时候会失灵

在2.8节中，我们初步探讨了产生深度感知的3条双眼线索和4条单眼线索，并从元素之间的关系出发，给出了界面设计时关于深度关系的7个设计启示。然后，又谈到了在AUI里对元素距离的设定。总体来讲，我们对深度关系的判断来源于对单眼线索和双眼线索的综合运用，不过这种判断并不是万能的。

比如，双眼视差是由于两只眼睛的水平距离相差5~7cm而接收的不同图像所产生的深度感知。由于这种距离差距，在视网膜所形成的这两张图像被叫作视网膜差，但如果前后相距太远，视觉系统的这个自动合成图像并根据这两张图像的差异判断深度的作用就失灵了。这种现象给我们的启示是，当用户的视线需要在前后两个物体间切换时，这两个物体的前后距离不宜相差太远。这两个物体可以是虚拟的，也可以是实体的。

再如，视轴辐合是指两只眼睛同时注视一个物体时会向内转动，通过转动的角度我们可以判断物体距离自己的远近。但同样地，它也有阈限，如眼部肌肉的视轴辐合信息只在3m内有效，对于更远的物体，人们就很难准确判断它与自己的大概距离了。不仅如此，我们还会觉得远处的物体立体感不强，如图3-16所示的天上的月亮，明明是一个圆球，我们却总觉得它是一个圆盘。这种现象给我们的启示是，如果你希望用户看到的虚拟内容更立体,那就不要让它离用户太远。

图3-16 天上的月亮

当然太近了也不行,眼球正常情况下最小的调节范围是鼻前7.6cm,你可以设定成这个值,因为当用户过于接近虚拟信息时,虚拟信息就直接消失了。这也避免了技术需要去解决的一些近距离显示的难点问题。

基于之前的深度设计要点,我们可以利用这些深度感失灵的情况对设计做出进一步的容错建议。在AUI中,对深度的设计,不仅可以从元素(虚像和虚像、虚像和实像)相对关系中得到预期的效果,还可以通过对元素本身距离用户的实际长度设定来达到预期的效果。表3-1所示的容错建议分成了两类:对元素相对关系的利用和对元素本身距离的设定。当然,表3-1只是列出了这些建议的一部分,我相信在实际的设计中,你会逐渐得出更多、更适合不同场景的容错建议。

表3-1 设计中的深度关系容错建议

深度线索	设计启示	失灵规避(设计容错)	深度设计的分类
双眼视差	前后位置关系的交叉注视容易引起双像	在同一界面内,谨慎使用不同的距离。若用户需要在前后两个物体间切换时,这两个物体的前后距离不宜相差太远,或需要设计过渡动效	元素相对关系

续表

深度线索	设计启示	失灵规避（设计容错）	深度设计的分类
视轴辐合	近处的物体立体感更强	如果你希望用户看到的虚拟内容更立体，那就不要让它离用户太远	元素本身距离的设定
		深度在0.7~3m的距离对用户最有用	元素本身距离的设定
		前面的物体立体感更强，但距离感相差不大时，这种感觉并不明显	元素相对关系
运动视差	运动的不同速度会让人感知到远近	设定不同速度来制造深度感知，或者设定相同速度来保证深度统一	元素相对关系
相对大小	物体的大小可以让人感知到远近	同形元素，如非必要，保持大小一致	元素相对关系
遮挡关系	元素之间的遮挡可以让人感知到物体之间的前后位置	界面静止的时候，我们一般很容易处理这条深度线索。但交互涉及界面动态变化的时候，也需要确保不会由于元素之间的遮挡而让用户产生不合理的深度关系的感觉	元素相对关系
线条透视	平面的UI可以利用透视表现出立体观感，透视之间会相互影响	对同一界面中的不同的平面图像，以整个AUI场景的画面来看待透视的统一性，而不要单纯地考虑都用左视图或者右视图	元素相对关系
质地梯度	同一种环境下，物体的疏密会影响深度感知	相同形状元素在排列时的间距需要整体考虑均衡	元素相对关系

我们对色彩的感觉除了受到真实环境的影响，还受到个体的影响

在色彩运用中，我们探讨了真实环境对AR界面中虚拟内容色彩的影响，也提到了不同的终端硬件配置会对最终的颜色呈现产生影响。除了这两点，不同用户对各种颜色不同的感知度也会影响他对所见的最终AUI场景的颜色感觉。

有研究表明，人的视觉能够区分出700万种不同的颜色，但大多数人只能辨认出一小部分颜色。这一小部分的数量也不确定，有的人多一点，有的人少一点。这涉及**绝对阈限和差别阈限**两个概念：绝对阈限是指我们能够觉察到的刺激；差别阈限是指我们能够觉察到的刺激的变化，也叫作**最小可觉差**。

视觉的最小可觉差在AUI上面由于真实环境、机器配置、个体感知度3种因素的影响变得更大了，也就是说，在用户所见的最终AUI场景中，相比单纯的屏幕UI，人们更难分辨颜色的细微差别了。视频显示方案和光学显示方案都有这种现象，在光学显示方案中更明显。

所以，在AUI的设计中，颜色的区分度相比其他UI要设计得更明显一些。

我们的视觉系统喜欢更有条理和结构的界面

格式塔原理被运用在界面设计里的时间已经不短了，这是德国心理学家们研究人类视觉工作原理时发现的，也叫作视觉感知的格式塔原理，主要包括接近性、相似性、连续性、封闭性、对称性、主体和背景、共同命运。格式塔原理说明：很少有人喜欢杂乱无章，即使设计师不按照更有条理和结构的方向整理界面，我们的视觉系统也会依据格式塔原理自动去处理。比如，自动将敞开的图形关闭起来，试图填补画面中的遗漏或缺失的部分来进行连续的感知，在一个画面区分出主体和背景……一旦让视觉系统自动处理，用户所理解的界面含义可能就不是设计师或者这个产品所想要传达的信息了。

AUI设计的挑战在于，用户所见的界面包含了设计师不能确定的真实环境，也许设计师在设计的时候是好好的，可就是被不知道从哪里"冒"出的真实环境里的内容打断了。这个时候，运用场景和项目的定义进行推导，就非常重要了。

任何产品都是在一个具体的场景中被具体的用户群使用的，用户和场景的调研、分析在所有设计领域都通用。在什么情况下让用户尽量地聚焦在设计师所定义的虚实结合的画面上？用什么样的表现形式使它按照设计师的设计方案去处理界面的条理和结构？这个场景中会不会存在对现在的设计方案有比较明显的干扰因素，如何去减弱干扰因素的影响或者利用干扰因素？这些都是我们可以去运用场景和项目的定义来梳理的问题。

我们人眼的FoV很大，但中央视野很窄

由于现有技术的不成熟，AR眼镜的显示FoV要远远小于人眼FoV，这似乎给我们设计想象中美好的虚实结合画面带来了不小的难处。我们并不能像科幻片里那样——眼中所见的世界都是虚实结合的画面，只能在真实世界里那么一小块地方看到了一些虚拟的信息而已。

拿着手机看AR画面的我们是这样的，戴着眼镜看AR画面的我们也是这样的。

但真实情况或许不那么糟糕，虽然只有那么一小块地方能显示虚拟信息，但人

眼的中央视野似乎更窄，而其他视野开阔的可见部分，就像隔着沾满雾气的浴室玻璃看到的景象一样模糊不清，因此我们又何必在意那些不能全部显示出该有的虚拟信息的地方呢？

当然，我们不会觉得自己看到的大部分世界都是模糊不清的，因为我们的中央视野在不断游走，不同时刻清晰的中央视野画面拼接起来，形成了我们感觉自己看到的清晰的世界。这种现象给我们的设计启示是，只要我们能正确地定位到当前用户所关注的焦点，处理好中央视野的虚拟信息，现有虚拟信息的显示FoV远远小于人眼能观察到的范围，就不会过多影响到用户对美好的AR世界的视觉想象了。

要做到这一点，除了对需求和场景的理解，也别忘记视觉系统里的周边视野，因为中央视野不断游走的方向会受到周边视野的影响，尤其是周边视野里产生的变化，也就是动效会不自觉地带动中央视野的聚焦方向。

中心视觉关注细节，包括颜色、空间、具体的文字，而周边视觉关注整体，随时应对可能出现的危险，反应速度非常快，远在以注意力为驱动的中心视觉之上。后面在介绍注意力的内容中，我们会继续讨论这个特性给设计带来的指导作用，看看怎么运用它们把注意力吸引到重要的事情上。

动效在AUI的设计中需要谨慎使用

前庭觉是位于内耳中的液体和器官在告诉我们身体如何根据重力作用确认方位，比如在做出转头、点头和倾斜等动作时头部如何移动。当前庭系统的信息和视觉系统接收的信息相互冲突时，就容易造成生理上的头晕、呕吐，尤其是对于一些敏感度高的人。

这就需要我们谨慎考虑：在屏幕上广泛适用的动效是否能够照搬到AUI的设计上。

不管用户是在原地拿着手机看，还是在佩戴使用AR眼镜时，前庭觉的信息输入都会告诉我们头部是静止的。那么，在使用可以表达运动信息的动画时，我们就需要多做一层考虑：这种视觉上的体验会不会影响到用户的方向感？我们应尽量不要使视觉表达的信息造成用户感觉系统输入信息自身的困扰，比如大面积或连续的深度变化。警惕一些很炫酷的强运动感的动效，这些动效应用在AUX里可能会使视觉系统产生一些误会，从而与前庭系统输入的信息相冲突。

3.3.3 听觉和触觉

作为界面设计师，我们自然会将大部分精力投入到对视觉的研究中，不仅是因为界面本身是一种视觉性的输入刺激，还因为绝大部分人有80%以上的信息输入都依靠视觉。但要达成完整的体验，我们需要将这个研究范围再扩大一些。好的AUI设计师需要为用户创造一个更完整的虚实结合世界，毕竟视觉刺激并非唯一。

和视觉一样，听觉、触觉、嗅觉、味觉都是人们感知这个世界的感觉系统。不管是在真实世界，还是以AR技术支撑的虚实结合世界，人们都是靠这些感觉对应的器官来接收信息的，如图3-17所示。作为人类共通的特性，理解这些感觉，可以使我们基于它所得到的设计启示而不严格区分用户群体。如果说嗅觉和味觉在现在这个阶段对于大多数设计师还并不需要关注的话，那至少听觉和触觉是我们在视觉以外可以扩展的地方。

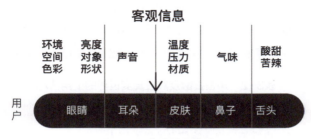

图3-17　多种感觉器官

关于听觉

1. 使用声音定位

我们一直在说，现有使用光学显示方案的AR眼镜所能达到的FoV范围不尽如人意，而在手机、平板电脑等移动设备上的虚实增强画面，更是因为硬件终端的限制只有很小的面积。如果有的虚拟元素在某些情境下只能出现在当前能够显示的范围之外，那么应怎样让用户去发现它呢？

这个时候，我们就可以依赖听觉了。

声音定位，是指我们的听觉系统可以十分有效地完成对声音来源的空间定位。依据这个基本生理特点，我们可以根据声音来源的方向和音量的大小，引导用户去发现在当前显示范围之外的虚拟信息或真实信息。比如，我们可以在Unity程序中将音效绑定在某个虚拟信息上，这样这段声音就有了和这个虚拟信息一样的空间位置。

我们的听觉系统通过评估声音到达每只耳朵的相对时间和强度来判断声音的来源。当元素位置和声音绑定时，用户就可以根据声音定位来知晓这段虚拟信息出现的大致方位了。

2. 使用声音进行提醒和警告

使用声音进行提醒和警告是很常用的设计。研究表明，声音的频率和振幅组成了人们对声音的3种心理感受：音高、响度和音色。

音高是声音的高低。人们所能感受到的纯声音频率为20～2000Hz，在频率很低的情况下，声音只要增大一点点，人们就会有很明显的感受。

响度是由振幅决定的。振幅大的声音响亮，振幅小的声音轻柔。响度通常以分贝为单位来测量，我们正常谈话的声音是60分贝，而长时间暴露在超过90分贝的声音环境里会损害听力。

音色则是让我们能区别出是什么声音的感受，比如是钢琴还是小提琴，是汽车喇叭声还是轮船鸣笛声，真实世界中我们会自然而然地想要去区分这些声音。表3-2为基于心理学家Susan在她的书中给出的声音选择和使用条件进行的扩充整理，这些真实世界里常用的声音警报，可以在需要加入提醒音效的AR设计中使用。

表3-2　声音提醒及其在真实世界的使用情况

声音提醒	真实世界的常用情况	强度	吸引效果
雾号声	采用气、电雾笛发出音响信息的助航标志	非常高	好
号角声	古代军旅中，在战场上用于发号施令或振气壮威，后来号角声也用于帝王出行时的仪仗。现在一般多用于出行	高	好
哨声	由口哨或犹如口哨的东西发出的（警告或召唤的）声音	高	好
汽笛声	火车汽笛（有严格规定）；蒸汽炉	高	好
铃声	上课铃声、电话铃声，后发展用于手机来电、短信、消息等	中	好
蜂鸣声	计算机主板出现异常时发出的声音。不同的声音有不同的含义，通过声音指明出现问题的部件	中低	好
钟声	教堂、寺庙的钟声，多表示时间。是带有情绪感觉的声音	中低	一般
锣声	红白喜事等，表示喧嚣热闹。是带有情绪感觉的声音	中低	一般

相比视觉来说，我们对声音差异的感受比视觉更敏感，也就是说，在同一范围内，声音的变化是最容易被注意到的。当面对真实世界里大量视觉信息时，我们就可以使用声音来做各种目的的提醒。但提醒的声音一定只在必要时使用，否则因为惯性，即使是足够引人注意的声音，用户也会因为经常出现而忽略它们。

3. 使用音乐增加用户的好感度

2011年的一项研究表明，听音乐可以释放神经递质多巴胺，即使只是期待的过程也是如此。利用一些简短的音乐片段作为音效并在应用中使用,可以提高人们对产品的体验感。这一点,在虚实结合的世界中也是如此。

当然,同一段音乐对于不同的人来说作用各异,需要根据场景和用户群体等来确定究竟该如何在产品中使用这一点。

关于触觉

虽然对触觉的利用在AUI设计师的设计工作中较少遇到,但依然有一些可以考虑的地方。

1. 对于虚拟内容的手势操作

操作的时候,人们倾向于有更多的确定感,而触觉是可以作为给予用户操作确定感的一种方式。在设计手势动作的时候,即使是面对虚拟的对象,也可以考虑通过用户皮肤的感受来进一步增加确定的感觉。比如,手指捏合之所以用来表示确认的手势操作而不是删除类的手势操作,就应用了这一点。

2. 合理利用震动触感

和听觉一样,在配合使用按键、触屏、遥控器作为交互手段的时候,考虑到用户的目光一般需要放在前方虚实结合的画面上,而不是时刻注视着这些输入设备,那么在选择或确认的时候伴随轻微的震动触感来增加用户的操作感,也许是一个不错的设计方案。至少不需要所有信息都完全依赖于我们的视觉系统及寸土寸金的显示区域。

世界上的很多信息经由人的物理感官摄入,这是人类的共同点。虽然虚实结合的世界依然是一个以视觉信息为主要输入源的世界,但有时候抛开视觉感官考虑一下其他输入感官,也许会给用户在体验这个虚实结合的世界时,带来更丰富和完整的感受。

3.3.4 注意力

人类的注意力非常有限,外界刺激即使经过感官系统被我们接收,能够获得我们注意的信息也非常有限。当我们与界面进行有目的的互动时,一些行为和方式会因此变得可以预测或者遵循一定的模式。为了让用户更好地进行人机交互,设计中的很多原则由此而起。

而在AUI的设计中,与用户互动的是周围整个虚实结合的世界。用户所见界面中丰富多彩、或真或幻的画面是体验的加分项,也是消耗其注意力的风险因子。于是,我们不得不持续来探讨如何在UI设计中,让用户顺畅而合理地进行操作,而不至于随意消耗其注意力或者被其注意力完全忽视。

注意力是什么

对于注意力，虽然我们对此有非常直观的理解，但是认知心理学领域对"注意"的定义却有一段漫长、曲折、充满争议的研究和讨论，直到现在依然悬而未决。但有一点是得到广泛认同的，就是注意的本质是一种选择。人们对被选择的信息投以注意力的同时，必然对没有被选择的信息进行了忽略。被选择的信息会消耗我们的心理努力，需要我们不断地集中注意力、重新集中注意力。

注意力的内容和我们之前所介绍的所有感知觉的内容有关，如视觉、听觉、触觉及我们前面没有专门讲述的嗅觉和味觉等。

由于界面首先是作为信息传递的视觉信息具象而呈现的，所以设计师必须首先解决的就是视觉注意力的问题。

对于视觉来说，视觉注意力到底被限制到什么程度呢？你可以试一试把手臂伸直，你的注意力相对于所有输入信息的比例，就基本等同于你的大拇指指甲盖相对于整个视野的比例。

当然，这只是一个比喻，确切地说，这个比喻是我们视网膜的中央凹区域相对于整个视网膜的大小。中央视野的画面就是投射在我们视网膜中央凹区域的画面，而投射在中央凹区域之外的画面，清晰度会迅速降低。如前所述，周边视野的清晰度基本上与我们隔着沾满雾气的浴室玻璃看外面景象的清晰度一样。也就是说，在我们的视觉系统呈现的整个画面里，只有中间很小一部分是清晰的，其他部分非常模糊。

所以，在某个时间点上，图3-18所示为视觉系统真正让我们看到的世界。

图3-18　某个时间点的视觉画面

投射在中央凹这样一个小区域的画面，大概一个按钮就占满了。真正让用户能够无障碍地阅读你设计的整个界面，原因在于视觉系统在时间上的连续性，中央凹区域之外的周边视觉信息会不断地引导眼球运动，从而使中央视野快速地浏览，以补全整个视野。这就是在界面设计时呈现出视觉流的重要性。

视觉流是用户扫描页面时的视线跟踪。好的设计能够让人们按照顺畅的次序沿着视觉流向前流动。一般人的习惯是从左到右、从上到下，这意味着如果界面设计的阅读方式不符合这种顺序排列，就会更加消耗用户的注意力。

比如，居中对齐的文字会比左对齐的文字更消耗注意力，因为无意识的眼动会将我们带回到下一行同样的起始位置，这时候周边视野的信息会引导用户做有意识的调整。当然，这并不说明居中对齐的排版就一定不好，有时候我们或许就需要靠这一点点的消耗来唤醒用户的注意力。文字排版对于注意力的消耗如图3-19所示。

左对齐的文字比居中的文字更易阅读　　　　　特意打破习惯的排版可以唤起注意

图3-19　文字排版对于注意力的消耗

不同的视觉流带来不一样的体验效用，既可以让用户打起精神，也可以让用户毫不费力。也就是说，不同的视觉流可以用来唤醒用户的注意力，也可以节省用户的注意力。

抛开界面，我们不需要设计视觉流，因为眼球运动是下意识的，不需要我们有意识地投入，也不需要我们进行控制。这是注意力的一个特性，由心智模式的系统1自发控制。

但界面的本质是一个人机触点，它在传递信息时会分主次、会分缓急。这里的视觉流是利用注意力的特性使界面能够起到引导用户视觉的作用。如果回归到中央视野的概念，就是界面通过设计引导用户做出下意识的眼动行为，以达到更好的传达信息的目的。

唤醒注意力

人脸、食物、动效、鲜艳的颜色、对比中更大/更重的部分、突然而至的声音等都可以吸引人的注意力，我们在之前的感觉系统里也谈到过。

通过吸引视觉注意来形成视觉流的方式，可以从两个方面入手：第一个是，利用画面中各元素的对比度引导视觉流；第二个是，利用人在进化过程中遗留的天性引导视觉流。

第一，利用画面中各个元素的对比度引导视觉流。

相比其他部分，哪个部分最特别，我们就会下意识地注意它。比如在一行文字中较大的那个字，或者在一行文字中较小的那个字，我们会更容易注意到它，如图3-20所示。

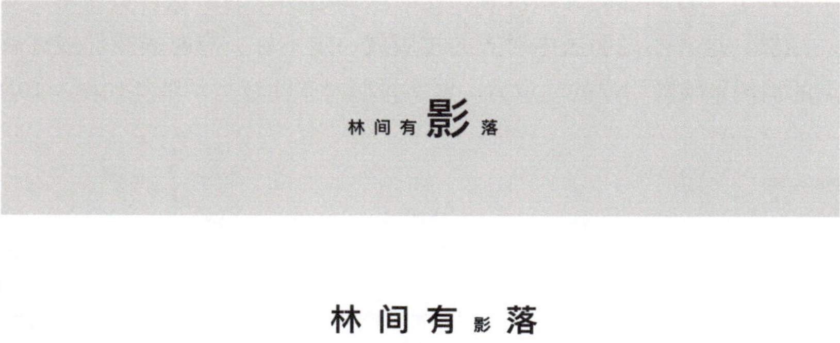

林间有_影落

林 间 有 _影 落

图3-20　字号大小对视觉流的引导

和文字本身的尺寸没有关系，我们更多关注的是对比度。颜色、形状、动效也是一样的，如果不考虑认知影响，视野里所有具有显著性特征的不同性都会被注意到，这是自动发生的。我们的注意力会下意识地留意与众不同的内容，越与众不同，越容易受到关注。

第二，利用人在进化过程中遗留的天性引导视觉流。

如果说对比度是利用内容的表现形式引导视觉注意，那么进化遗留的天性就是利用内容本身的属性来做视觉流的设计。

我们吃什么？我们和谁交往？我们要躲避什么？

现代文明至今也不过几千年，进化还未能使人类的大脑发生太多变化。我们的祖先依靠这种下意识的注意力获得了食物、繁衍了后代、躲避了危险。

上述这些特性被留存下来，让我们不自觉地注意食物（食物图片），因为食物可以为我们提供身体所需的基本能量；让我们不自觉地注意动的东西，因为它可能代表危险袭来；让我们不自觉地注意鲜艳的颜色，因为它可能有毒；让我们不自觉地注意人脸（人脸图片），因为它代表可以寻找同类繁衍或协作，代表在幼小的时候可以尽快得到依附（出生不到半小时的婴儿会明显喜欢看有面部特征的内容），甚至也有可能代表竞争性危险……

这些内容本身的不同属性就有强弱之分。为了生存下来，大脑进化的天性会吸引人们下意识地注意某些更紧急的要素，所以在有动效的东西和有鲜艳颜色的东西同时存在时，人们会更偏向于有动效的东西。

基于一些心理学研究，不考虑个体认知差别，在同等条件下，内容本身的属性引发注意力的优先级大致是：动效 > 人脸 > 颜色 > 大小 > 食物 > 形状。

节省注意力

不同的视觉流可以产生不一样的效果：利用内容本身和其显示上的程度对比唤醒注意力并让用户打起精神，是一种方式；降低注意力消耗，让用户毫不费力，是另外一种方式。

从降低注意力消耗的角度，我介绍3个小技巧。

第一个小技巧：遵循"4±1"法则（而不是"7±2"法则），结构化呈现界面布局。

注意力的有限性除了中央凹区域的生理限制，工作记忆的容量也是一个原因。工作记忆就是暂时被你记住的东西，很多人都知道神奇的数字"7"就是工作记忆的容量。确切地说，工作记忆的容量是由认知心理学家Miller在20世纪50年代提出来的，指人类能够同时记住互不相关的东西的数量限制，"7±2"法则也被运用在很多界面设计中。

值得提出的是，后来的实验和研究都认为"7"这个数字偏高了，不少心理学家认为"4±1"才更接近人类一般水平的工作记忆的容量。4±1，是一个界面上更理想的呈现模式。2013年的一项关于决策的研究更证明了年龄越大的人，越偏向于更少的选择数量。

考虑到AUI作为一种新型的界面，初次使用的人往往会有一些因为陌生而产生的紧张感，而选择过多会给人造成额外的压力。所以，除非你设计的应用有特殊目的，如果要提供选项，那么请遵循"4±1"法则。这一点，同样可以用"人在AR界面上的敏感度低于屏幕界面"来理解。

当然，在实际的项目中，很多界面需要承载的功能都远远大于4，在我承接的众多ToB类项目中，有些页面更是连"7±2"都扛不住。而当我们再回头去看这个神奇数字的定义时，就会发现里面有一个很有意思的词语："互不相关"。也就是说，通过分类和整合，运用格式塔原理，将视觉信息以结构化的形式呈现给用户，可以让用户临时接收更多信息。在3.3.5节中，我们会继续讨论格式塔原理带来的设计进益。

第二个小技巧：固定路径或位置会节省用户的注意力。

正因为注意力十分有限，所以大多数时候，我们的心智模型倾向于使用自动化的系统1思维，即我们会更偏向于选择熟悉的路径。许多非专家型用户在使用Adobe Photoshop时，即使明明知道有快捷键可以使用，依然会使用鼠标在菜单栏的某个功能下选择某项子功能的某个下一级操作，他们做连续几次的单击，只为了不去记忆那3个按键组合而成的快捷键。这是一种惰性行为，就是俗话说的"习惯成自然"。在这种惰性行为下，用户愿意为了少动脑子而付出更长链条的交互。

当用户已经形成了惰性习惯时，做出改变的成本要比预想得更高。人们甚至不会阅读上面的文字或图形，仅靠固定的路径或位置进行操作，如果要重新规划，最好能够将原有的操作保留一段时间。

从这个技巧衍生而来的是，进行头戴设备终端的AUI场景设计时对定焦读秒操作的使用，我们在第2章"概念"里的交互方式中做过介绍。虽然在原有世界中，我们习惯先用眼睛看，再用手操作，但是如果有可能，谁不希望"躺平"呢？如果任务场景不是非常着急，仅用眼睛来完成看和一些简单的界面操作，用户愿意为了少动手，而不介意多等1s。

第三个小技巧：界面有迹可循，随时拉回用户的心思。

这也是一个容错小技巧。我们知道，人的注意力十分有限，并且持续时间不长，除此之外，它还十分不稳定，临时记忆里的"4±1"个位置随时会被新的内容所替换。在AUI设计中，真实世界原本丰富可变的刺激更是变成了不稳定性的高风险来源，你有时候很难完全想象，在实际使用中，是什么影响用户原本集中在界面中的注意力。有时候即使用户知道他应该为某个目标而集中注意力，也会总是不由自主地被其他东西吸引过去了。就像我们在看书的时候，如果手机放在旁边，很多时候也许看着看着书就去刷朋友圈了，而起因可能只是一条不需要立即处理的微信消息。

那么，不抢注意力了，让用户在自觉需要的时候能够找到相关的信息，也是节省注意力的一种方式。

在每一个界面都提供可以让用户回忆起来的外部信息，识别比记忆容易许多，如将任务的状态和进展明确地显示出来，明确地区分已读和未读、已完成和未完成的状态等。

同时，考虑用户在使用过程中看了看手机、和别人说话，或者仅仅转过头看看刚才什么东西在响的场景。你设计的AUI场景是否会在这片刻惹人心烦,或者你需要让这片刻惹人心烦的虚拟元素重新唤醒用户的注意力。

找到合适的视觉流

在实际项目的设计中,设计师常常综合使用上述吸引或减少注意力的方法,比如既有大小对比又有颜色对比。每一次设计界面都是对设计师处理这些元素能力的考验。

合适,只有针对特定场景和具体的用户才能够成立。在界面中展示合适的视觉流,体现了设计师本身的艺术功底和对产品的理解能力的两重属性。

举一个例子,图3-21所示为某公司内ToB项目里的一张网页界面中的内容区域图。可以看到,整张图的视觉处理非常简单,结构也比较清晰。那么,在这张图中,哪一块是第一个吸引你注意力的地方呢?第二个吸引你的又是什么呢?

图3-21　界面元素吸引注意力的顺序

图片因为其大小和颜色的双重对比,显然是首先吸引注意力的地方。第二吸引注意力的一般来说,是同样具备大小和颜色对比的右侧"重新发送信息(3)"蓝色按钮。

这张图要说明什么呢?

这是一张告警信息的详情界面图,是工厂的摄像头经过边缘识别处理上报的告警信息,后台的人员需要进行人工确认并保证这条告警信息已经传送给现场的负责人员。说到这里,我们大概就能知道,这样一个界面,需要第一个传送的信息是这张图片,后台人员针对这一信息确认机器的判断,即右侧的异常状态结论是否确实有效;第二个要传送的则应该是,如果这条信息有效,它是否已经确实传送给现场的负责人员。

所以，第二个引起注意的元素应该不是那个蓝色的按钮，而应该是机器判断的结论，以及按钮上方的信息。

如果对这张界面图进行优化，那么我们可以在第二个需要引起注意的元素上添加图形和颜色，以吸引用户的注意力，如图3-22所示。

图3-22 优化需要吸引用户注意力的元素

在AR的设计中也是一样的，与真实环境一起作为信息传递的AUI，对于视觉流的引导设计更加重要。

我们再来看看图3-23所示的内容，这是一个AR测距仪App界面，这里面第一眼吸引你注意力的是什么呢？

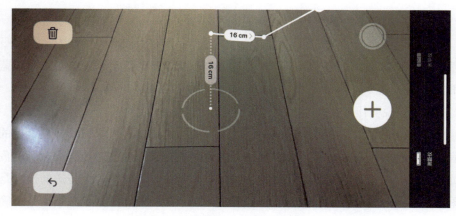

图3-23 测距仪App界面的视觉流

如果排除位置的影响和用户主动针对目标的关注，仅通过单一的大小对比来做，那么静态界面下的引导性视觉流比较弱，主要还得靠用户自主去寻找，在使用的过程中，中心圆圈的部分叠加了呼吸动效来吸引注意力。

在AUI设计中有一个难点是多变的环境，所以图3-23中使用白色是比较保险的一种策略，但如果对这个界面进行优化，我们其实也可以考虑在白色的基础上再给最重要的信息叠加其他鲜艳的颜色。

要做到合适的视觉流，设计师不仅需要平衡界面内多个信息内容之间的关系，还需要平衡与体验一致性的冲突。如果误用，可能就像Alan Cooper等人在*About face*一书中提到网页设计早期那些闪烁着五颜六色的标签那样，会显得有些粗鲁。

注意力的时机

一般来讲，人们保持集中注意力的上限是7到10分钟，10分钟以后，大脑需要经过短暂的休息才能再次集中注意力。即使是设计需要用户高度集中注意力的专业技术辅助型应用，也需要设置适当的放松点。之前，我们做过的一个项目是辅助飞机制造的AR应用，需要几次识别输入才会到最后的插线环节。每一个环节其实都需要工作人员高度集中注意力，里面每一个断点（如分界面显示而不是连续显示）都是大脑可以得到短暂休息的时机。

所以，设计需要了解欲擒故纵的节奏，不要试图一直消耗用户的注意力。

如果把用户的整个使用过程看作一首乐曲，那么头尾和高潮就是很重要的节奏。首尾效应和终峰理论是早已运用在界面设计的心理学原理，开头、结尾、高峰这3个重要的阶段，是设计师必须唤起用户注意力的地方。

开头是用户开始集中注意力与机器对话的第一印象。它会成为用户对整个系统评价好坏的基石。而一个完整的收尾则是一个软件的"体贴"，毕竟当用户完成了某个目标，注意力一旦消失，就很容易遗漏一些简单的收尾工作，如回到初始状态、忘记息屏等。高潮，则是用户回顾整个使用过程其中记忆最深刻的地方，它会影响用户对应用的整个体验效用。

AR应用和其他的应用一样，一个好的第一印象、一个有记忆点的高潮和一个完整的收尾，是用户再次选择将注意力放在这里并打开这个应用的原因。

3.3.5 知觉特性影响

知觉是我们的感觉器官经过注意力筛选后形成的整体认知，是人对客观物体许多感觉的综合。也就是说，我们使用颜色、形状、阴影、布局、动效等做的AR界面，最终的目的是在与用户交互的过程中形成一个整体的感觉，而且是联合用户当时所在的真实环境所形成的AUI场景。

这个整体的感觉在心智学科中被称为表征，而形成表征的整个过程被称为模式识别。

表征是信息在人的心理活动中的呈现方式。举个例子，我们通过眼睛看到的是一团红色和一个形状，但是我们知觉到的是一个苹果。这一切其实都是瞬间发生的，这从另一个方面印证了界面设计中第一印象的重要性。表征不仅是界面的视觉部分，还包括刚开始接触到这个应用或者产品的一系列初始步骤。

模式识别是刺激与表征匹配的认知过程，也被称作物体识别。没错，这是一个计算机术语，也是心智学科中的一个概念，当一个系统具有了物体识别的功能，信息才具有了意义，我们称这个系统具备了智能功能。

格式塔是与知觉组织有关的重要理论，"格式塔"的本意是完形，体现了我们在知觉上会自动倾向于整体加工的特性。按照自上而下和自下而上的信息加工过程，我们自上而下的知识经验在知觉这部分就已经和当前的刺激输入汇集在一起了，共同影响了我们对信息的感知。严格来讲，在介绍视觉、听觉、触觉和注意力的时候，我们就已经在讨论知觉的问题了，因为如果没有知觉，任何信息就只是一个无意义的信号，是无法构成人机之间的整个交互通信的。

格式塔知觉组织原则是维特海默在1923年所写的一篇论文中提出的，包括接近原则、连续原则、类似原则、封闭原则、简单图形原则、图形和背景原则、共同命运原则，共7个原则。如今，格式塔原理已经在界面设计领域中得到了广泛运用，在虚实结合的AUI场景设计中也一样。人们这些与生俱来的知觉所形成的原理，在新的AUI环境中需要得到更广泛的应用。

- **接近原则**，又称邻近性原则，是指我们会将离得近的物体看成一组。设计中的亲密性原则就运用了这个知觉特性，将相关信息组织在一起，有助于信息传达，减少混乱。

- **连续原则**，我们倾向于认为彼此并不相连的相似物体具有延续性。最典型的例子是字母"X"是两条相交的直线，而不是上下两个相连的折角，因为视觉更容易去追随一个方向的延续，而不是追随多个方向。

- **类似原则**，又称相似原则，是指人们会自动将形状、颜色、大小等相类似的物体看成一组。比如，我们在界面中常见的列表页。在形状、大小、颜色的同等相似度上，人们又会更看中颜色这个属性。

- **封闭原则，** 是指人们对于熟悉的形状，会倾向于将不完整的局部看作一个整体的形状。当然，如果局部形象过于陌生或者简单，则人们不会产生整体闭合联想。
- **简单图形原则，** 又称简单对称原则，是指在观察事物的过程中，我们第一眼更倾向于看到规则、对称、平滑的简单图形。也就是说，简单的图形更令人满意，而在这些简单图形中，对称比规则、平滑等其他特点更重要。
- **图形和背景原则，** 又称主体和背景原则。主体是指注意力聚焦的部分，人们会倾向于将更小的图形当作背景。
- **共同命运原则，** 是指人们倾向于将速度或行为一致的元素看作一组。

基于这7个基本的格式塔组织原则，其实还可以衍生出构型优先效应（识别完整图形的一部分，要比单独识别这一部分简单和容易）、字母优先效应（识别字母中的一个笔画，要比单独识别这一个笔画简单和容易）等原则。

格式塔理论所代表的完形心理学，揭示了知觉的一个重要特性，即整体优先于局部，部分基于整体而存在。

利用知觉的原理，我们可以将复杂的内容简化。因为在实际的项目中，由于产品的需求和功能是由多方面因素决定的，因此项目中经常出现过于繁杂的需求和功能，而这些集合在一个产品中的众多需求和功能可能由于历史原因、合同原因、各方利益的原因而必须保留。

但我们知道，人的注意力有限，没有人喜欢在一个界面中看到太多繁杂而不相关的信息，要在这样的界面中找到自己需要的信息太费劲。正如《简约至上》一书中所说，人们喜欢简单且值得信赖的产品。

这个时候，格式塔的7个原则就可以帮我们简化信息，提高信息的传递效率。因为一旦我们感觉到各种形状或模式，知觉的组织作用就会自发和不可避免地发生。

一个符合格式塔连续原则的图形，我们会自发地把接近的元素看作一个整体。比如，在图3-24中我们不用花费什么力气，就会倾向性地认为图中有两条线段而不是4条，这很有趣，几乎不需要意识介入，"4"就变成了"2"。

在勾画交互框架的时候，设计师将相同类别的功能放在接近的位置，将同一行为下连续操作的按钮捆绑处理，将类似的元素组织在一起，将一些元素放入另一些元素内封闭起来，将界面上需要重点呈现的内容从背景中突出出来……在心理学领域，格式塔理论是事物如何被知觉为"完整性"的一种理论，完整性是一个好的产品期望带给用户的感觉。图3-25中的花朵虽然有9枝，但在我们的知觉作用下，我们会将它们看作一簇花。

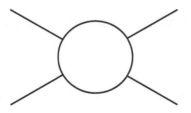

图3-24　包含一个圆形和4条线段的图形倾向于被看作包含一个圆形和两条线段

图3-25　9枝花朵会被知觉为一簇花

如果将行为考虑进去，我们还可以根据当前用户的位置和姿态来进一步利用格式塔原理，"删减"界面元素，优化界面交互，让界面呈现被知觉为更少。

在以AR眼镜为终端设计界面时，固定距离下的FoV区域相对于要表现的需求经常捉襟见肘。

在我们做的一个B端AR巡检项目中，厂房工人佩戴AR眼镜后，需要巡检的具体区域及巡检内容会以虚像形式叠加在真实环境中显示。而标准的制造业工厂的巡检步骤和内容非常多，可能最简单的一个巡检任务也包含30多个小步骤。在业务需求下，每一个步骤要显示的信息有4类：当前巡检进度（包含上下进度步骤数量）、巡检步骤名称（通常为"对象+操作名"）、巡检对象位置指示，以及巡检内容和方法（通常为一组三维模型动画）。确定了要显示的信息，我们再考虑用户站位和手臂可到达的操作距离，如图3-26所示。使用AR眼镜时，能够显示虚像的屏幕区域会变得更小。

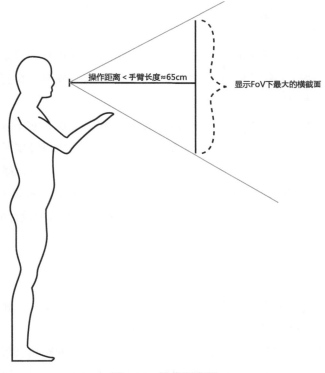

图3-26 操作距离图

如果对用户的行为进一步分解，就能以图3-27中所示的内容，用更小的时间点明确用户当前行为的注意焦点，根据用户的位姿做进一步删减。在一个连续性的行为下，每个时刻仅展示部分焦点内容，将这个步骤分为4个时刻，并以同样的动效推进、退出，以求在全部需求得到体现的同时，又能够在知觉上达到简单合一。

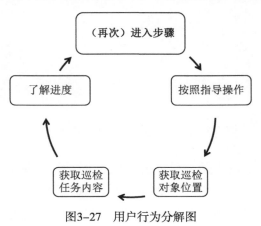

图3-27 用户行为分解图

3.3.6 记忆中的心理表象

我们设计任何应用都不希望增加用户的记忆负担,所以我们总是在探讨基于心智中的自动(系统1)模式来进行更好的设计,而在这一节中,我们谈一谈心理表象,它是我们形成记忆的一种方式。

心理表象是没有实际物理刺激时的心理表征。也就是说,它不涉及自下而上的加工。更通俗一点来讲,你可以将它理解为"空想"。之所以需要了解心理表象,是因为它的3个重要组成部分(视觉表象、听觉表象和认知地图),都和AR界面设计有一些关联。如果你的用户不会只使用一次你设计的AR界面,那就更有关系了。这种关联性不只是因为用户已有的知识会自上而下地影响他看待你设计的AUI场景,还在于用户在AUI的场景中所体验到的"易用性"。

视觉表象

我们在日常生活中通常先以视觉表象为主,然后才是听觉、触觉、味觉和嗅觉。这在1990年Stephen Kosslyn等人的一项研究中有所记录。

人们会采用与物理刺激中相似的方式判断视觉表象中的距离、形状及动作。人们在和虚像真实互动之前,会在视觉表象中形成这样的判断,对于以视觉信息为主的AR界面设计,自然会受到影响。

你可以用图3-28所示的虚像试一试,如果要将这3种形状的物体转到背面,哪个会更轻松一点呢?

图3-28 视觉表象也可以耗费力气

实际上你并没有这么做(也不能),你只是经过想象就得出了这样的结论:一个看起来需要旋转180°的物体,比一个看起来只需要旋转90°的物体更加费力。

这就是心理表象的作用。用户使用AR应用的时候也是如此，而且仔细回忆一下刚刚形成心理表象的过程你就会发现，这三种形状的物体当前的距离及相对不一样的朝向，对你的判断结论也会有影响。

距离、朝向，正是我们在第2章中介绍过的两个设计要点。

而因为人机交互是一种连续的行为，在通信模型闭合循环图（图3-3）中存在的AR界面处于不断的信息交流之中，所以如果虚像先出现，人们就很可能在视觉表象中将想象内容超越真实内容。这一点在AUI的场景里比UI在屏幕上出现时更加明显。

听觉表象

听觉表象也有同样的特性，用户可以在没有刺激的情况下表征出音色和音高。这会形成他们对于声音的期望。而满足期望和打破期望都是AUI场景设计中可以使用的方式。

另外，如果AUI场景中真实信息所带来的物理刺激，与正在形成的心理表象是同一个感觉通道，就会对人们与真实的物理刺激交互产生影响。这和注意力的有限有关系。也就是说，如果AUI场景的适用环境需要用户经常关注视觉信息，那么设计师就一定要考虑虚像中的视觉场景对于用户认知的占用，在保证不会同时发生的情况下，可以采用其他通道（如声音）来优化场景设计。

认知地图

心理表象的第三个重要组成部分是认知地图。它是心智中对地理和环境信息在没有刺激的情况下的表征。视觉表象和听觉表象强调的是人类心智中对场景和声音的想象，认知地图则强调的是物体之间关系的心理表象。

人们是通过整合多次看到的信息来创建一个认知地图的。认知地图是我们关于空间认知的一部分，包括我们的心智形成这个地图的想法、如何记住通过的环境、如何在空间排列中认知并追踪到某个物体。

在之前介绍物体识别和环境识别时，我们说光线、角度、站位都会影响计算机对已有环境数据的匹配，其实人也一样。在我们的心智活动中，如果实际的AUI场景和用户心理认知地图以相同的方向出现，那么空间信息及基于此环境所做出的操作和判断要更容易和更准确。

这再一次说明了了解用户预期的重要性。在进行AR界面设计的时候，尽可能了解用户使用时的实际场景对我们的设计有莫大的帮助。离开办公桌去设计，不仅是其他UI设计中的建议，对于虚实结合的AUI场景设计也一样。如有可能，去现场多走走是一个不错的方法。

但是，人们脑海里的认知地图是真实场景有规律的变形和简化，这意味着人们想象中的真实环境会更有组织和有秩序，同时也缺少细节。对于设计师而言，先拍照和录视频记录真实的环节，再与用户（如果你去了现场，你也可以直接比较你脑子里的认知地图）想象中的认知地图进行比对，可以有针对性地进行一些更巧妙的设计。比如，用虚像替代没有那么有组织和有秩序的真实信息的位置，或者将模糊的内容具象化，甚至更大胆地进行改变。

在与AUI场景多次交互后，用户心智中会形成与AUI场景有关的新的认知地图。它关系到整个场景的整体认知和形状、元素间的距离，以及元素彼此之间的相对位置。同时这种新的认知地图能够帮助用户更好地适应虚实结合后的新场景。

在用户构建的认知地图中，垂直维度上的空间信息最为重要，其次是前后的信息，最模糊的是左右的信息。这是长久以来我们在和世界相处的模式中形成的规律。我们很容易区分出上下的信息，它们和重力有关；然后是前后的信息，因为我们一般和前面的物体有更多机会互动；最模糊的是左右的信息，我们总会在不经意间搞错左边和右边。

那么，在AUI场景的设计中，如果希望用户能很清楚地记得某个虚拟元素在哪里，设计师就应考虑用户的上方和下方，然后相比其他元素，再尽量选择靠近一点的位置。

图3-29所示为一个虚拟的工具栏，用户需要时不时地把一些内容从里面拿出来，但将里面的内容拿出来以后，用户在一段时间内不需要看到它。这个时候，如果把这个工具栏放在上方或者下方，用户就更容易记住，找起来会更容易；如果把这个工具栏放在左边或右边，对记忆就不那么友好了，因为在用户构建的认知地图中，对左右维度的位置是最模糊的。这里还有对上下位置进一步的应用：为了让AR眼镜本来就不够大的FoV区域得到充分的运用，用户点击工具栏右侧的向下按钮，整个工具栏会再次下移。如果用户保持这个视角不变，视野里除需要直接操作的模型外是看不到工具栏的，只有将头部特意往下看，才会发现与这个模型关联性不强的一些操作，如翻到下一个模型。

图3-29　根据用户的位置和姿态设定虚拟工具栏的位置

3.3.7　推理与判断

谈到人类心智的推理与判断，就意味着我们已经从简单的认知阶段提升到了复杂的认知阶段。从人机交互的角度看，信息总算从进入人这个系统后，走到了即将输出的阶段。输出的信息必然超越输入的已有信息部分，才能让整个通信具有意义，所以推理与判断这类超越已知的能力被认为是高级认知能力。

计算机如果可以根据已有的信息进行一些推理与判断，就跨入了现在热门的智能化领域，也就是人工智能领域。如果要求不那么严格，人工智能在当前并不少见，如根据我们的历史购物信息，推理出我们可能想要购买的东西并推送给我们。

"我们可能想要购买的东西"这个数据，是对既定数据的推理。这个推理结果属于不确定的领域，它可能正确也可能不正确。只要计算机（通过人类设定的算法）完成了这样的推理，就可以称之为智能。

而这种能力是我们人类自出生就有的高级心智能力：推理与判断。

设计的目的是让人减少认知负荷，所以我们重点讨论的是系统1的部分，表现在推理与决策的部分，就是使人们成为天生的直觉物理学家、直觉生物学家、直觉心理学家……这和知觉、经验有关，但更多已经形成了特定的判断和结论。

<u>直觉的物理观念</u>形成了我们对物体的天然判断，认为物体会占据一定空间，并在一段时间内持续存在。这就意味着虚拟物体即使实际并不占据空间，也和时间没有直接关系，但我们会下意识地认为它占据了空间并且会在一段时间内持续存在，

所以我们在第2章以参考系的原理明晰虚像的相对位置和运动方式。同样地，虽然我们知道如果没有外力作用，物体会保持其原有的运动状态，但直觉物理学的认知依然让我们下意识地认为物体会因为力而运动、因为没有力而静止。所以在AR界面中，界面本身的稳定性是很重要的，这可能需要依托识别和追踪技术。

直觉的生物观念让我们认为整个生物世界中一切有生命的事物都需要有一个隐藏本质，即使是虚像也应该有符合这个本质的外形和生命力，并且随虚像而作用的动效和机能也遵循同一个本质。我们需要在虚像的设计中适当地引入这个本质，而一旦设定完成就需要遵循它。

直觉的工程观念是我们制作、了解工具和其他人造物的一般判断和结论。对于混合了现实的AUI场景，也需要为一个目的而服务。这个目的如果在AUI场景的设计中没有被明晰和传达，那么就会在用户的使用中被随意构想。功能可见性是直觉的工程观念的一种体现。在设计中，它代表了事物被感知到的属性可能和它实际的属性相同也可能不同。它对事物如何运转提供启示，如旋钮是要旋转的、按钮是要按下去的、插槽是用来插东西的、板子是可以拿来推的、球是用来抛投的。

除此之外，我们的心智还包括直觉的心理观念、直觉的数字感观念、直觉的经济观等。

这些我们习以为常的直觉推理能力作为高级心智能力，是基于很多前置条件才能体现出来的，使得人类快速适应社会。比如，几个月大的婴儿如果要从父母的目光中解读他们是不是在看自己，就需要经历以下5个步骤。

首先，他需要用感觉器官（眼睛）来接收包含父母的画面信息。

接着，他需要从这个画面中进一步筛选有必要的信息。

然后，模式识别帮助他识别到父母的眼睛。

再者，即时记忆提供给他这样的信息——父母的目光方向能够看见的内容。

最后，长期记忆提供建立假设的数据库，也就是基于什么，他从父母的目光中推导出父母在看他而不是在看其他事物。这就是我们在心智模式中讲过的包含整个感知觉认知过程的全图示的最后一环，也是在人机通信图示里用户即将输出的信息。

在设计的时候，我们利用这些直觉观可以减少用户在使用时的认知负荷，同时，应警惕这些直觉观所带来的心智问题，并且在设计的时候注意规避。

三段论推理：在推理判断中，有一种演绎推理叫作三段论推理，即A是B，B是C，所以可以推断出A是C（见图3-30）。

```
A → B
B → C    »    A → C
```

图3-30　三段论推理

但人们经常在表达类似的描述中犯推理错误，考虑下面这段推理是否有效：

该学校所有教授都很有趣，

该学校的李老师很有趣，

因此，李老师是一名教授。

这段推论其实是无效的：A是B，C也是B，但A和C之间在这个前提下是没有关系的。无效推理如图3-31所示。

```
A → B
C → B    ✗    A → C
```

图3-31　无效推理

心理学家将犯这种错误的原因称为气氛效应。如果从设计的角度出发，我喜欢把它称作<u>一致性的强大影响</u>。

举个例子，用户很可能这样看：

该应用里所有按钮都有这种样式的边框，

这个元素有这种样式的边框，

因此，这个元素是一个按钮。

这也是一致性原则在多个设计理论中被反复强调的原因。

<u>一致性原则</u>是指对于用户来说，在同一个应用或者同一种平台中，同样甚至近似的文字、按钮、形状都应该触发相同的事情。基于一种理由下的界面元素应保持结构一致性、色彩一致性、操作一致性、反馈一致性、文字一致性、距离一致性、朝向一致性。这在AUI的设计中也一样。

<u>条件推理</u>是指如果什么情况的前提成立，那么符合这个前提的结论就应该成立的推理。软件开发语言里常用的"If...then"语句就是这种推理方式。可惜的是，虽然我们比计算机早好多年就运用条件推理，但总是喜欢犯计算机不会犯的错误。

试试这段推理是否有效：

如果有人喜欢小熊维尼，他就是一个敏感的人。

安是一个敏感的人，

因此，安喜欢小熊维尼。

肯定后件"安是一个敏感的人"并不能推导出前因，但我们总是喜欢这么想。这种条件语句实际上会面临4种推理情景（见表3-3），只有肯定前因或否定后件时结论才成立。

表3-3 4种推理情景

前因：如果有人喜欢小熊维尼		后件：他就是一个敏感的人	
肯定前因： 有效	安喜欢小熊维尼， 因此，安是一个敏感的人	肯定后件： 无效	安是一个敏感的人， 因此，安喜欢小熊维尼
否定前因： 无效	安不喜欢小熊维尼， 因此，安不是一个敏感的人	否定后件： 有效	安不是一个敏感的人， 因此，安不喜欢小熊维尼

再试试下面这段推理：

如果有人上报现场异常信息，那么管理员会收到提醒。

管理员收到提醒，

因此，有人上报现场异常信息。

这就是一种典型的肯定后件的情况，而据此得出的结论"有人上报现场异常信息"并不是一个有效的结论。

在设计中，我们常常被一些经常发生的情况限制住思维，而忘记考虑对"特殊情况"进行处理。如果没有对特殊情况进行处理，那么当管理员收到提醒却不是有人上报现场异常信息的时候，人的认知错误就会影响到他对产品的易学性和友好度的感观。在设计中明确而清晰地表明小概率事件的发生，可以纠正这种惯性认知带给用户预期之外的体验。在AUI场景的设计中，因为真实环境的不可控性，所以会更加考验设计师对小概率事件的处理能力。

3.3.8 情感：人的不理智给界面设计带来的"捷径"

虽然前面讨论过人类心智中不理智的部分对设计的影响，但是情感依然是心智中值得拿出来单独讨论的部分。它的存在让我们的心智彻底区别于人机信息通信模型中的另一个系统——机器，并且造成了从机器角度来看更多无法理解的非理性现象。有研究表明，无论哪种文化、哪个种族，正常人类的各种情感都是相通的。我们设计的界面所关联到的一方就是这样一个复杂的系统，即使我们只是简单地在界面文案上稍微修改一些语气词，也会因为让用户体会到了不一样的情绪而使其对界面产生不一样的感受。

明亮的色彩更讨喜

在童话故事中，美丽的公主总是肤白如雪，帅气的王子常常骑着白马。而在生活中，明朗的晴天也一直比阴沉的雨天更受人欢迎。

大概是因为人类是昼行动物，在充足的光线下活动更加方便，周围情况的一目了然也让我们更有安全感，所以不喜欢黑暗作为长久的遗传进化结果，已经存储在我们的基因中，不太容易改变，就像大多数处于童年期的小孩子会惧怕黑暗一样。

而在社会的长期熏陶下，明亮也总是和积极的词语联系在一起的，久而久之，明亮的颜色开始自动刺激我们产生积极的情感。

大家可能或多或少地对斯特鲁普效应有所耳闻。这种效应在设计中也有所体现，如当文字的颜色和文字本身的含义不一致时，会延长用户的反应时间。这说明色彩本身在传达信息，这个理念在设计中的应用非常广泛。

后来，研究人员又对斯特鲁普效应实验做了一系列的修改，他们发现，当文字的颜色一致而仅仅使其明亮程度不同时，人们对词义本身的积极和消极的分类会受到影响。在实验中，当积极词语以明亮程度高的色彩出现时，人们的反应会更快；而积极的词语以明亮程度低的色彩出现时，人们的反应会较慢。在另一个实验中，不认识中文的调研对象会倾向于猜测白色的中文代表积极含义，而黑色的中文代表消极含义。

这些研究结果表明，人们会自动地将明亮和正面的、积极的感官联系在一起，而把明亮程度低的词语与负面的、消极的感官联系在一起。

行为心理学家Susan也在《设计师要懂心理学》一书中提到，人们总是倾向于选择最明亮的产品。虽然现在出现的"高级灰"这种色调似乎更显格调，但在符合用户群体的特性下，尽量使用符合视觉舒适度的明亮色彩，会比使用灰度的色彩更能提高信息的传递性。

我们可以看出，图3-32所示的大众化应用界面，的确多呈现更明亮也更白的颜色。通过这些一致的色彩倾向性可以看出，在引导用户做出"是的""好的""没错"等决策下，亮色系所发挥的助推作用。在白色风格长期占据界面界"江山"的情况下，引发新鲜感的黑色风格虽然已经开始崛起，但在大多数应用场景的定位中，依然抢不走白色系风格的默认地位。

在AR的设计中，这一原则也同样适用，甚至可以更加大胆，因为丰富多彩的真实环境本身造成的干扰，会大幅降低人们对于色彩明亮程度的感受。

图3-32 市面上受众广泛的应用界面

在用光学显示技术成像的AUI场景中,因为光反射的原因,用户实际看到的虚像会根据光反射的原理呈现不同程度的透明度:黑色因为吸收全部的光线而在用户眼中呈现全透明(除非边缘有对比);白色因为能反射所有可见光,所以越靠近白色的各种亮色系也就成了AUI设计时的"宠儿"。

当然,亮的程度和范围是需要控制和把握的,整个界面既亮得舒服,又被看得清楚,还符合人们对AR的预期,也不是一件容易的事情。曾经我们有一个项目因为要满足室外使用的要求,设计师将原有的蓝色界面改成了不透明的纯白色的背景,结果虽然符合了室外基本能看清的需求(光学原因,依然有部分情况看不清),却被普遍抱怨太白了、没有炫酷风格、与预期不符等。

由于光学成像的原理,现有技术下的光学显示AR设备依然有光照要求,室外阴天成像的显示效果最好,晴天基本只能躲在阴影里看。视频流式的AR显示设备对环境的要求就会宽泛很多。

虽然如何确定产品界面所使用的颜色,还需要根据场景定义、硬件特性、用户分析等做具体的剖析,但如果在两套满足条件的颜色中做选择,设计师选择色彩更明亮的那一款,或许是一个比较稳妥的决策。

美即是好用的

美即是好用的是指当界面设计得足够美观的时候,用户往往会容忍一些影响较小的可用性问题。[1]这是人们对美好事物的不理性偏好在设计中的运用,我们对美的东西天生就有好感,就像我们不自觉地会认为外表条件好的人更具有如诚实、善良、聪明等令人满意的特质一样,我们会认为足够美观的产品,通常更好用、更稳

---

[1] 实验数据来源于Massaki Kurosu&Kaori Kashimura,2015。

定、更优秀……

　　颜值即正义，就是这么不理性。

　　与移动互联网时代相比，AR及其相关的AI技术所属的智能时代在当前阶段是有技术瓶颈的，越是前沿的技术所需要的包容就越多。比如三维物体识别技术，如果要识别成功，物体本身需要特征明显，识别的角度和距离也有技术限制，甚至连光线也有强度的要求。这与扫一个二维码这样相对成熟的技术相比，从用户的容忍程度这个角度来讲可是真真切切有不少的要求。

　　但是，如果有一个足够美观的显示界面，是不是这一切就变得不那么难以忍受了呢？

　　为了抛开不相关的因素，我们来想象一下，即使这个物体识别的过程有友好的提示、充足的反馈，一个平淡无奇的界面和一个足够美观（甚至还带有一些小动效）的界面，你愿意为哪一种方案提高自己的容忍度呢？许多的研究报告都证明了美学对于用户主观感知的可用性、易用性和信任，都有不同程度的提高。

　　这条设计准则在AUI设计中，可以弱化一些先进技术带来的不稳定性和可用程度，让用户更愿意接受它，从而提高智能技术的落地效果。比如，在移动互联网时代，一个应用让用户的等待时间超过2s就算很久了，但如果他知道是机器在进行三维物体识别处理、环境实时建模处理等操作时，那么他愿意等待的时间还要多那么一点。如果视觉对这个界面的美学处理符合用户对AR新奇特征的期待，那么用户会给出更高的容忍度。

　　除了提高容忍度，"美即是好用的"这条原则的重要性在于：在AR这个领域，那些科幻电影、电视、宣传海报比技术先行，已经提高了普通用户对AR的预期。

　　虽然那些科幻电影、电视、宣传海报为AUI设计师设定了一个不得不尽力去达到的高度，但同样地，它们也培育了用户，至少在界面美观度上，AUI设计师已经知道用户所期待的界面大概是什么样子了，在色彩选择和风格选型上，有了一个不错的参考。

　　可以看出，在界面风格上，具有空间感的二维图形依然很多，在色彩上更多倾向于蓝色，形状偏流线型而非圆润型，带一些光感、具有通透感、叠加流畅的动效会更具优势。而在偏三维的界面风格上，对色彩的期待会更广泛和包容，亚光、圆润的风格多用在一些娱乐场景中。表3-4所示为根据多个项目用户的反馈列出的人们对AR界面的一些主流视觉期待。

表3-4　人们对AR界面的一些主流视觉期待

不同方面	主流视觉期待
界面风格	具有空间感的二维或三维图形
色彩选择	具有科技感的蓝色系（饱和度高的彩色系多用于娱乐等C端场景）
常用元素	流线、光点或光斑
其他特征	通透感、科技感、粒子动效

当然，在对这些主流视觉期待进行落地设计的时候，也需要满足业务场景需要、产品和用户定位、信息显著性层次，并规避一些技术的限制等。

为你的界面树立权威性

米尔格拉姆的心理学实验证明了权威的力量，这个实验的被试者会在一位代表着权威性的老师的要求下，向学生的扮演者不断地进行强烈电击。这个实验探究了一个问题：普通人在权威的要求下履行职责时，会向完全无辜的陌生人施加多少痛苦？

实验的结果让所有人震惊，三分之二的被试者不顾学生的扮演者的尖叫、挣扎和哀求，将电击强度开到了最大值。虽然这个结果的原因分析各种各样，但对权威的服从在米尔格拉姆的一系列研究中得到了有力的证据支持。

头衔、衣着、身份标志在人际关系中体现着权威，界面作为代表着机器智能的触点，也通过其设计对用户产生着潜移默化的影响。许多对界面设计的研究提到，在界面中显示公司名称、品牌标志、第三方认证资格、对信息安全保密性处理等内容会增加用户对系统的信任感知。这些微小的细节处理在客观的可用性、易用性之外影响着用户对系统的感受。

在AUI的设计中继承这些研究结果，会让用户在正常使用之外就对应用产生信任感，从而提高对技术成熟度和限制性的容忍度。但是，这些信息最好添加得比较巧妙，不给本身的AR界面增加认知负荷。比如，在原本"提交成功"的文案前添加一个代表安全的盾牌或锁的图标，既可以在AR界面保证信息量的精简，也可以传达出对信息保密性的处理，提升应用的信任和权威。

总体来讲，人的主观感受并不一定和客观事实一致。通过明亮的色彩、尽可能美观的界面、彰显权威的标志、拟人化的语言或图形、戏剧化的故事叙述等影响用户的主观感受，为情感化做一些设计努力，可以让用户心智中暗藏的"不理智"为AR界面的体验性加分。

3.3.9　用户模式

用户模式，其实就是用户的心智，是我们做的产品或应用所服务的人的心智模式。用户模式最早是唐纳德·A.诺曼提出的，是指人们通过经验、训练、知识，对自己、他人、环境及接触的事物形成的认知模式，是用户在与系统交互过程中形成的心智模式，即用户认为这个系统应该怎样操作。

我们能够通过用户模式的概念来预测其与系统交互的行为，从而更好地进行设计。

了解用户模式会让我们在进行AR界面设计时拥有普适性的设计技巧，但因为经验、训练、知识等因人而异，所以我们想更准确地预测用户与系统交互的行为，还要落到具体某个AR应用中，需要将已经了解的人类心智细化到具体用户群体的心智模式上，这样才算是对用户模式的真正理解。

这也是将用户模式单独列为一节的原因，就如同我们上完大学，学习了许多的基础知识和方法，但依然需要靠时间积累具体的工作经验来实现进一步成长一样。我们需要将人类的心智模式，落实到我们的界面所面对的用户身上。

基于人类心智来做设计能够设计出优秀的AUI场景，但只有落实到具体用户群体后，才能够让这个AUI场景变得更加亲切。

有一个设计原则叫作环境贴切原则，是尼尔森十大可用性原则中的一个。它是指应用的语言、用词、短语都应该是用户熟悉的概念，而不是系统术语。

进一步展开来讲，所有AUI场景的设计都应该贴切用户使用AR应用的真实环境场所，包括文案、音效、2D或3D的界面形式，以及动效转换和对真实世界对象的引用。如果有非用户环境的术语需要出现，尽量模拟现实环境已有的对象、形式等，如果不能，就给出解释说明。

举一个简单的例子，我们在电力场景中所做的应用有一些需要用户进行确认的操作，但在某些按钮上，我们使用"复归"来替代一般性的"确认"词汇。因为在电力业务中，用户对保护动作所产生的报警信号做确认习惯用"复归"这个专门的词语，根据环境贴切原则，这个时候"复归"就比一般性的"确认"更符合用户心智。如果没有从人类心智落到具体的用户模式上，就无法做出这种设计优化。

也就是说，用户模式帮助我们的设计在普适的基础上，增加了群体的特殊性适配。

其实对于AR应用来说，因为相对不熟悉，相比其他应用，用户的态度往往会更具有容忍性，尤其是在以AR眼镜为终端设备的时候，这给了我们更多试错的机会。另外，这也提醒我们在各种情况下可能需要留给用户更多的时间来认知，如在AR眼镜应用里出现的Toast（出现一定时间后会自动消失的提示性UI），其存留时间倾向于比手机中一般设置的时间稍微长一点。

最后，因为AR应用本身的新颖性，加上实际环境的不确定性，我们要格外警惕自己很可能无法完全预测用户模式，所以对第一次使用的用户添加新手指导的界面交互非常重要。比如，我在使用IKEA Place（版本5.7）这个应用时，由于环境识别技术的不稳定性，在点击确认摆放的位置时被卡在图3-33所示的这个界面，即使我不停地点击，它也毫无反馈，界面对于应用当前状态及接下来应该怎么做都没有任何提示。

图3-33　环境识别失效时没有提示的UI

3.4　两个相似的系统

在3.3节中，我们以整个感知觉的认知过程为脉络，探讨了人的心智模式，并且进一步介绍了代表用户心理活动的用户模式，确定了用户模式是特定人群的一种心智模型，说明了用户是如何理解产品及其作用的，以及如何与产品进行交互的。

而在之前的3.2节中，我们介绍了机器模式，了解了它是映射技术的实现模型，说明了机器的运行方式，并且介绍了一些和AUI场景设计息息相关的其他技术点，主要以视觉技术为主。

人机交互所涉及的这两个系统，在对信息的加工转换中有各自的模式，但在人工智能技术的发展下，这两个模式似乎变得越来越相似了。

我们的感觉器官相当于计算机的传感器，信息经由传感器输入后被我们知觉，就像计算机的程序对进入的信息进行识别处理，变成计算机能理解的数据。而记忆和信念则类似于存储在计算机中的数据库，用于对进入的信息执行一系列的推理与判断。

其实，这个观念并不新鲜，研究心理活动的认知科学认为，人类的心理、认知可以和计算机处理信息使用同一原理进行解释，就像生物学家会运用光学原理来解释生物眼睛的工作原理一样。

这个观念可以追溯到20世纪中期第一台电子计算机的问世，电子计算机的诞生拉开了各个领域革命性的变化序幕。

对于心理学来说，电子计算机的出现为解释心理过程提供了一种新的方法，人们第一次将心理世界与物质世界统一起来，通过信息、运算、反馈等概念，我们得以在物质世界中理解心理世界。后来，这种方法发展成了心智计算理论。

也就是说，我们使用计算机的处理过程和人类的心理过程（人类心智）属于同一类。这种类比关系是相互的。从这个概念出发，我们可以说，人机交互中位于界面触点两边的系统是两个相似的系统。

以支付宝里的AR识花为例，手机的摄像头类似于人的眼睛，视觉信息经过摄像头输入以后，程序会对视觉信息进行识别，并且调取后台存储的相关信息做匹配，识别类似于知觉和判断，而后台存储的信息就是记忆，匹配则是对记忆的搜索。最后，界面上反馈出花的名称是存储信息和外部刺激共同加工和作用的结果。图3-34所示的机器感知过程，和我们之前在3.3.1节中介绍的人的感知觉认知过程是非常相似的。

如果把人和机器两个系统的内部加工过程结合图3-3画出来，我们就可以形成图3-35所示的更详细的人机交互通信图。

在图3-35中，我们可以更清晰地看到人和机器的相似之处。

第一，它们都需要经过一个接收器来接收信息。人类的眼、耳等感官系统和智能系统里的各种传感器起着相同的作用。

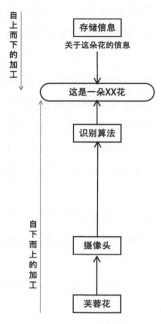

图3-34 机器感知过程

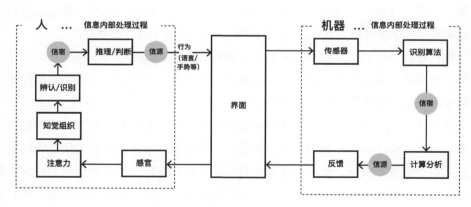

图3-35 结合感知过程的人机交互通信图

第二，从原本的信号到能被两个系统各自理解的信宿，都需要经过一系列转换加工。当然，这个加工过程各不相同，计算机不需要算力的优势在此处尽显无遗。

第三，从信宿到信源，它们都需要再度经过加工处理。

到这里，我们看到了在人机交互中这两个系统的相似性，但是为什么要论证它们的相似性呢？

因为当我们把机器系统看得类似于人时，设计师会更容易地让智能化的界面交互呈现出人性化的体贴。更重要的是，同时平等地看待智能系统和被它服务的用户后，你会发现，智能化的人机交互本质就是两种"心智"模型的碰撞。而设计师因为界面站在了人机交互的中间位置，所以更重要的作用应该是维持平衡。

平衡意味着有些时候设计师可能需要为了更大的利益牺牲用户一小部分的利益，或者说并不是用户至上，而是考虑实现成本、技术条件、应用场景、用户体验后的综合结果。

近两年"为增长而设计"日益流行，增长是设计的目标，那么如何达到这个目标，我认为关键就在于站在触点的位置把握这个平衡。

设计是需要落到细节去实现的。在移动互联网"体验为王"的思想下，设计师会为每个细节精雕细琢。但到了AR这里，因为整个技术领域并不成熟，这种对细节的精雕细琢有时候会让设计师限于细节之中从而被局部所困，反而忘记了在整个人机交互中自己所站的位置。

百度CEO（首席执行官）李彦宏认为，人工智能系统目前的瓶颈一个在AI技术，一个在应用落地场景的定位上。AUI设计作为人工智能系统的一个组成部分，如果一味地困在"体验为王"的细枝末节中，整个应用就会很难落地，进而也就难以突破落地场景的定位瓶颈。

举个例子，我们在做AR相关项目的时候会涉及一些平台系统的设计。在某个AR应用中，AR应用会向后端审核平台发出审核申请，后端平台操作通过后，界面状态会发生变化。具体来讲，有两种设计方案：第一种是应用收到审核消息后向用户发出通知，提醒用户审核结果，同时原审核界面的状态会发生变化，根据审核后的状态显示不同的信息；第二种则只有审核界面状态的变化，不会向用户发出消息通知。

如果以用户为先，第一种设计方案在体验上来说更为完整，及时告知用户能够让应用显得更为礼貌和周到，但在这个案例中，后端当时是没有设计消息接口的，只有一个状态接口可以反馈给应用做界面状态更新。这个时候，综合考虑使用权重（没有这个通知会对用户使用整个软件造成的影响）和项目研发时间，第二种设计方案其实才是优选方案。

3.5 双环结构

在3.4节，我们得到了一张比较详尽的人机交互通信图（见图3-35），这张图中界面所连接的、右侧抽象出来的就是在3.2节讲的内容，我们称之为机器模式，左侧抽象出来的就是在3.3节讲的内容，我们称之为用户模式。基于感知过程的人机交互通信与两种模式的关系如图3-36所示。

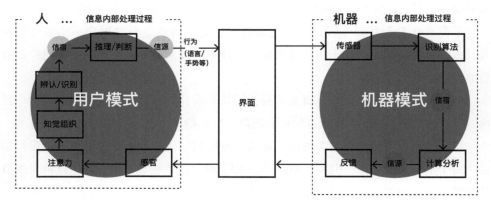

图3-36　基于感知过程的人机交互通信与两种模式的关系

图3-36中的用户模式只关注了人理性认知的部分，也就是说，这两种模式相似的是智能的部分，但是人和机器不同的那部分（如情感、信念等）没有很好地体现出来。同样，图里也缺失了我们一直在AR里讲的环境、场景。

我们在3.1.2节介绍触点的意义时就知道，界面这个触点所连接的部分有3个：用户、环境和机器。那么为了把这些都表现出来，经过进一步抽象，我用图3-37上面的这张人机交互双环结构图来表示以界面作为触点的信息流转模型。

矩形框代表着屏幕，在AR技术真正开始得到应用之前，界面的人机交互和环境就是这样被分割开的。但应用AR技术后，在虚实结合的AUI场景中，框住用户模式和机器模式的矩形框逐渐消失了，AUI场景中的双环图更像图3-37下面的这张图。

在图3-37所示的双环图中，界面又起到什么作用呢？

第一，界面发挥着在用户模式和机器模式之间信息交互的作用。

界面需要承担信息交流的窗口任务，将信息有效地在两者之间传递。这个有效，既包含有效用也包含有效率。为了达到这个目的，我们需要关注界面本身的美观、布局的规整、表达的正确、交互的通顺等。

第二，界面既作为两个模式的输入来源，又作为两个模式处理完成的输出承载。

界面和每个模式可以独立成为一个信息流转通道。也就是说，在每次信息流转的过程中，界面是否能在用户模式中完成信息输入，让用户识别出有效信息；如有必要，能否让用户方便快捷地寻找信源；在机器模式中也是一样的，界面能否承担好一个反馈信息的角色，表达出机器的认知结果。

第三，界面连接着两个系统而形成了一个整合系统，与外部环境之间完成信息交互的联系。

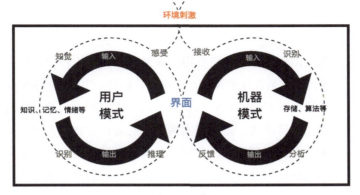

人机交互双环结构图

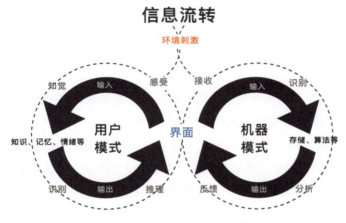

AUI场景中的人机交互双环结构图

图3-37　双环图

　　整合系统这个概念，在Hollnagel和Woods的书中被称为联合认知系统（Joint Cognitive System，JCS），并且很快被许多工程系统研究所运用。理解联合认知系统有两个关键：第一，人和机器是作为一个整体被理解的，更多关注的是这个整合后的系统做什么及为什么做；第二，让人类和机器从不同的组成部分转变为一个共同的系统，让设计师将更多的关注放在合作关系上。

　　本章前面的每一个内容，构成AUI场景中的整个人机交互设计，而我们在第2章所讲的每个概念，则含在本章的内容中。只有先理解了概念，才能在本章运用它，构成可以促进信息流转的人机双环。可以说，图3-37包含了我们在本章讲过的所有内容——在AR界面设计中交互的机器模式和用户模式。不过，为了更好地理解双环结构，我们需要知道第三个模式的存在。

3.6　第三个模式

用户模式最初是由唐纳德·A.诺曼提出来的，在提出用户模式的同时，他还提出了另外一个模式，那就是设计师模式。这也是我们这一节要介绍的内容。

用户模式，是用户对产品的理解和交互方式，它在用户与产品进行交互的过程中不断形成和固定。机器模式，是机器实现功能的运行方式，由开发人员按照机器的运作方式来实现。而设计师模式，是指设计师眼中的用户对产品的理解和交互方式，我们可以简单地理解为设计方案，它直接决定了我们在本书开头所介绍的人机交互的触点：UI。

在之前的章节中，我们不断建构的内容，其实都是为了形成AUI的设计师模式。但正如当年唐纳德·A.诺曼提出这个模式的时候所说："设计人员希望用户模式与设计师模式完全一样，但问题是，设计人员无法与用户直接交流，必须通过系统表象这一渠道。"

系统表象，就是我们所介绍的界面，但又不能简单地将其理解为界面，而应该理解为人机交互的触点，承载了人机之间的信息连接。

设计师的方案经由技术人员实现而形成最终的系统表象。在AR界面设计中，系统表象的呈现是以AUI场景的形式呈现的。它和其他界面最大的区别也体现在这里，即因为更直接地融入了环境因素，所以系统表象的呈现更为场景化。这种区别不仅影响用户模式中用户对系统的感知，也会影响设计师和工程师对设计师模式和机器模式的设计与实现。

对于设计师来讲，设计师模式的影响首先体现在从AR界面到AUI场景的落地还原过程中，这会在第4章"实操"中详细讨论；其次，这个模式也为设计本身带来了更广阔的发展空间。

举个例子，假设设计一个AR界面，上面需要显示当前的驾驶速度，那么你会怎么设计呢？

大多数AR辅助驾驶界面设计，会将如驾驶速度等信息处理成面板形式叠加显示在真实环境中，如图3-38所示。那能不能把类似驾驶速度这样的信息更深入地融入环境中呢？

这里的"更深入"不是指将信息面板通过环境识别定位技术固定在真实场景的某处，而是指结合环境设计出能够通过直接的、直觉式的感知接收信息的界面。德国的一位心理学博士在他的研究中提供了一种设计方案：对当前时速的显示更多是为了帮助驾驶员衡量当前的速度是否合适，而在对车速进行控制的情况下，以汽车前方的蓝色透明地毯代表当前的速度，用与环境贴合的白色标志代表当前的推荐速度。如图3-39所示，如果驾驶员开得太慢，地毯就会在白色标志前结束（左）；如果驾驶员开得太快，地毯就会延伸到白色标志前方（右）；当速度合适时，地毯就会与白色标志匹配（中）。在后续的实验中，这位心理学博士证明了这样的设计相比直接将时速显示在界面上，更能降低驾驶员的认知负荷。

图3-38　显示驾驶速度的AR界面

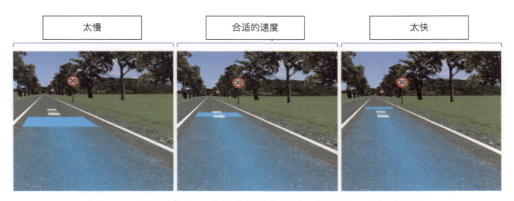

图3-39　将虚拟信息以直接感知的方式融入场景并显示驾驶速度

这就是更直接地融入了环境后对界面设计所带来的影响，而因为界面是基于机器模式而实现的，所以这种影响自然也会影响到机器模式的技术开发。

第三个模式虽然不能在之前我们介绍的双环结构里直接看到，但是借由界面这个触点，它确实是存在于其中的。并且，由于人机交互系统与环境之间外框（屏幕形式）的弱化甚至消失，在界面中的设计师模式也会直接受到环境对它的影响。这种影响会体现在设计师对方案的思考，以及设计师从AR界面的设计到AUI场景的还原、落地过程的方方面面，而我们在第2章介绍的所有概念，都会借由这个过程得到直接体现。

双环结构将所有的概念点打通并形成体系，利用三个模式形成信息流转的界面交互通路，本章的相关知识点如图3-40所示。

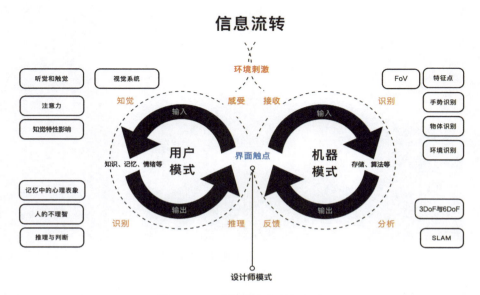

图3-40　双环结构与相关知识点

第4章

/

实　操

在第2章,我们介绍了AR设计需要了解的一些基本概念。在第3章,我们基于认知心理学的原理,进一步讲解了AUI设计中的机器模式、用户模式及由触点连接构成的双环结构,还介绍了隐含在触点之下的设计师模式。本章以一个实际的ToB端的项目为例,来具体介绍在AR技术下,设计师模式从界面设计到场景还原落地过程中所体现的不同。

4.1 一个项目

这是一个关于飞机制造和检测的项目。因为对应的环节不同,它又可以拆分成两个子项目。第一个子项目使用的技术Demo在得到初步验证后,因为媒体的曝光,曾经在微博自发引起过超过1亿人次的阅读量,从中可以窥见大家对AR的好奇和期待。

那么,我们就以这个具体的项目为例,来看看AR界面设计和之前的界面设计有什么区别,以及如何才能让用户更好地接受和感知AR技术带来的便利。

为了方便大家理解,我们从第一个子项目使用的技术Demo开始介绍。这也是该子项目中核心的需求和功能所在。然后,我们将一步步运用之前所介绍的知识点,来构造整个项目的界面设计。

第一个子项目的需求来源于飞机制造过程中涉及的大量线缆。一架飞机大约有15000根线缆,为了方便,飞机制造人员会将这些线缆扎成约500根线束(数十根线缆捆绑为一根线束)。而真正复杂的工作不在这里,而在于线缆跟连接器之间的连接,简单来说就是要把线缆插入连接器里。不同型号的连接器会有不同数量的小孔甚至形状,如图4-1所示。

图4-1 不同的连接器

第4章 实操

一个有100个孔的连接器，孔与孔之间的距离是小于1mm的。为了确保正确性，原本的工作需要由3个人来做：第一个人负责根据设计表查找孔的编号；第二个人负责实际执行，拿着插头找到这个孔并插入线缆；第三个人则要检查和监督整个过程。工程量巨大，且耗时漫长。一个插座执行完毕需要3个人耗费3～4小时。

对于人来讲，只要将线缆和连接器上的小孔正确地匹配起来，这个问题就变成了一个简单的工作量问题。识别的技术难点不是我们讨论的范围，所以在界面设计这个环节，我们需要做的是如何用可视化的AR界面来表现识别的对应关系。这说起来似乎非常简单，因为它几乎只涉及一个界面。为了更加具体地体现本书在第2章中提到的知识点，排除其他干扰，我们用最基础的、朴实无华的视觉风格来表现这个界面。

首先，我们要明确一下在这个界面中展示的信息，除了可视化的展示识别后线缆和插孔的对应关系，在这个界面中还需要展示一些辅助操作员核对操作的次要信息。明确需求以后，我们在设计稿里就可以画出如图4-2所示的界面，这是与当时的Demo界面类似的界面。

图4-2 辅助插孔的AR界面示例

这个界面中没有我们想象中AR界面的炫酷，也不需要我们专门去学三维软件以掌握某些高超的设计软件技巧，所以只要我们了解了具体的需求，就能够画出来。

不过，针对图4-2所示的界面，我们还是以几个问题来验证并具体体现第2章所介绍的概念知识。

131

第一个问题：这个界面的虚拟元素和实体元素分别有哪些？

第二个问题：这个界面的虚像使用了几种分类模式？

第三个问题：这个界面呈现的内容属于哪一种显示模式？

读到这里，我希望你停一下，有了答案后再往下阅读。

这3个问题中的第一个问题很简单，但是它反映了AR界面的基本构成，后面所有的内容都是基于这两个构成部分来说的。这里的虚拟元素包括图4-2右边的连接器照片及照片上的黄色圈、中间的"十"字图形，以及左边的UI面板。而实像，就是这张图中的其他内容。

第二个问题，这个界面的虚像的分类模式，是要我们描述清楚这些虚像和真实世界的位置关系。这个界面包含了两个虚像类型：中间黄色"十"字线代表B类模式，它的位置关系是和真实世界的某个具体实物绑定的；其他虚拟元素代表D类模式，它们共同形成和屏幕位置的相对固定。D类模式的显示，在技术上来说是最成熟和最稳定的，在设计上来说也和我们最熟悉的屏幕UI最相似。

第三个问题，基于不同的内容定义，其实我们可以说这个界面同时具有两种内容显示模式。但就主要内容而言，虽然这是一个非常朴实无华的界面，因为有了中间的"十"字线，它就属于内容显示模式里的融合虚拟。你可以更换它的视觉表现形式让它更炫酷，但无论如何，这个内容都必须和真实世界的内容融合才能体现出它真正的价值，也就是说，如果没有真实的接头，这个界面是不完整的。这个界面中存在的另一个内容模式是孪生虚拟模式，也就是左边的图片和文字信息，它用虚拟内容还原出真实连接器的数字孪生状态和信息，以便辅助操作员更好地核对业务信息。同时，这也给整个技术做了一个兜底，即基于物体识别显示出的、和真实连接器融合显示的虚拟元素。如果有一些不准确或者其他异常情况，操作员可以通过左侧的信息进行校准。

当然，实际进行界面设计的时候，是另外一个过程。

4.2 一套方法

4.2.1 3个步骤

AR界面设计的整个过程和一般的界面设计过程没有太大的区别，这里我们会用4.1节中提到的例子来介绍一种包含3个步骤的AR界面设计方法。首先，我们还是从分析需求开始。

第一步，分析需求

在正式进入设计阶段之前，我们需要对需求进行一次分析和确认，当然实际的情况可能因为具体项目、公司环境、合作方式的不同而各不相同。你也许接到的是一份完整的产品需求文档、一份简单的功能列表，或者就是口头的几句话。不管怎样，搞清楚这些需求具体对应到界面上，需要展示什么和怎么展示，都是我们的工作。

在4.1节所举的例子中，界面对应的需求就是要用虚实结合的方式标注出插孔的位置，那么在正式进入设计阶段之前，首先要确认的是技术的实现方式。

如果承接这个AR界面的终端是移动端（如手机、平板电脑），那么可以确定的是显示方案只能是视频流。这只是一个大的方向，我们还需要进一步确定一些内容，如是否支持实时的追踪等。

这代表着什么呢？

如果能进行实时追踪，那么标注插孔位置的虚拟元素是可以跟随连接器上实际的插孔而移动的，这又涉及后面的分类方式。如果不能进行实时追踪，那么标注插孔位置的虚拟元素只保证在物体识别成功的那一刻，是和真实的连接器位置相对应的。也就是说，识别成功的那一刻，该视频流的这个画面需要被静止下来，这一帧的图片会和虚拟元素一起被作为一张静态图片展示出来，也就是之前我们介绍图4-2左边虚拟元素的样子，如图4-3所示。

图4-3 非实时追踪

在确认技术实现方式后，我们接着需要重点关注的是我们的用户。角色构建、用户调研这些暂且不提，这里我们需要通过确认该需求面对的用户来明确AR界面是以第一人称视角展示的，还是以第三人称视角展示的，又或者两者都有。图4-3所示的就是以第一人称视角展示的AR界面。而第三人称视角，顾名思义，就是以第三人称的视角来看整个AR界面，它少了一些沉浸感，却多了更宏观的可视体验。和我们看电视一样,以第一人称视角拍出来的画面和以第三人称视角拍出来的画面,观感是完全不一样的。

4.1节的例子虽然没有涉及第三人称视角的内容,但在AUI的设计中并不少见。当前,很多宣传片里大家所看见的AR界面大多是以第三人称视角展示的。即使是同一个AUI场景,在不同视角下的观感也是不一样的。为了获得较好的体验感,无论是设计还是研发,都需要对不同视角进行专门的优化。第三人称视角和第一人称视角如图4-4所示。

第三人称视角　　　　　　　　　　第一人称视角

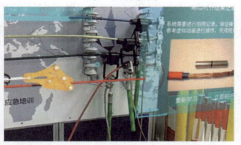

图4-4　第三人称视角(左)和第一人称视角(右)

不过,4.1节中的例子只是明确了这个界面的需求而已,实际上需求是整个项目的需求。一般来讲,需求可以分为3种,其中功能性需求是最常见的,如系统需要支持用户手机登录、系统需要支持分类展示商品内容等。这些功能会被进一步拆解成包含更多细节和具体功能的描述,以方便研发评估工作量及进行交互设计。以微信为例,支持朋友圈分享这个功能,需要具体细化到是否支持图片分享、是否支持文字分享、是否支持评论等功能点上。

另外,还有一些非功能性需求,常见的是针对性能的要求,如界面切换时间不得超过0.5s等。这类需求虽然与界面设计没有直接关系,但有可能影响界面的细节交互过程。比如,界面在0.5s内切换过来,但如果下一个页面的内容没有加载完成,就需要界面补充一些微交互来做过渡。

第三种需求是体验性需求,这种需求不一定每个项目都有,如某B端项目要求任务状态必须分颜色显示。

总之,需求是为了确定产品具体范围而存在的,如果需求无法明确下来,后面的设计过程甚至研发阶段都有可能陷入<u>范围蠕变</u>中。也就是说,你所要完成的工作量会像滚雪球一样一点一点变大。这并不是说,产品的范围不能发生变化,而是说在确定的时间内(一般以版本来管理)我们要做什么、不做什么,应该明确。

一般来讲，只要产品的目标没有变，范围蠕变现象就很少在大的需求层面发生，但很容易发生在更具体和细化的功能点中。比如，前面举微信朋友圈分享的功能，它可以包含10个功能点，也可以包含20个功能点，比如点赞、评论等，而一旦支持了评论，是否该支持回复评论……4.0版本上线的微信支持对朋友圈进行评论，但回复该评论的功能，却是在4.2版本中才上线的。我们现在看到的微信朋友圈的所有功能点，是迭代了很多版本以后的功能集合。

确定需求除了防止后面产生无休止的范围蠕变，还有一个目的是区分优先级。每一个具体的功能点其实都不是单独存在的，明确这些功能的优先级和主次，能够让设计师更好地完成界面设计，使产品在最终的界面层，保证和产品最初设定目标时的主次能够一一对应。我们会在4.2.2节进一步谈到确定需求主次的作用。

当然，也有可能需求给到设计师这里，已经具体到界面上需要一个圈、右边画一个UI面板并在上面填一些信息等细节。这样的需求一般是产品经理已经将原始需求分析到比较具体的程度了，此时AR界面设计师除了理解这些具体到界面的需求是为了完成产品的某个功能，依然需要完成下面两个步骤的工作。

第二步，明确虚实元素

确定需求后，我们就可以继续明确每个界面上的虚实元素了。AR最重要的特点是虚实结合，所以在设计AR界面的时候，我们需要把物理世界的实体元素考虑进来。正如之前所说的，我们设计的目的是形成一个AUI场景，而不是单纯的AR界面。

图4-2所示的界面要完成的是用虚实结合的方式标注出插孔的位置，那么标注的就一定是这个界面中要展示的虚拟元素，而它对应的实体元素是连接器。在细化需求后，我们知道在虚实结合展示元素之前需要有一个识别的过程，另外除了"标注"这个虚拟元素，还有辅助的UI信息需要展示。

到这里，我们可以快速地用线框图表示整个界面的设计框架，并初步设想它们的视觉样式和风格。

这一步，可能很多人会觉得没有必要专门提出来，但我觉得它是AR界面设计中比较重要的一步。

第一，明确AR界面设计中的虚拟元素，是为了让我们确认并思考AR设计的落脚点。虽然设计的目的是展示虚实结合的界面，但我们真正设计的部分仍然要落在其中的虚拟元素上。除满足功能外，排版、色彩、样式等都是需要在AR这个技术和具体的应用条件下重新考虑的内容（如光学显示方案中对色彩运用的不同，详见2.8.3

节的内容）。比如，图4-2就体现了色彩的合理搭配，使用了光学显色度较好的白色、高饱和度的亮蓝色、在意识上略带提醒意义的亮黄色。

此外，虽然在这个例子中并没有在虚拟元素中用到立体模型，但在AR设计中使用有厚度的立体模型是一种常见的解决方案。不过，这产生了另外一个问题，正因为可以考虑更有视觉冲击力的立体模型，在实际设计的时候，是否有必要就是很重要的权衡项了。有时候花费更多力气创建的三维模型并不一定就比二维UI展现的效果好，如果不需要涉及同一物体的多角度查看或体现更具场景感的内容，假三维UI也是一个不错的选项。（用平面透视来表示三维立体，如图4-5所示，实际上这是一张二维图片，但你依然觉得它表现的是一个立体方块。）

图4-5　三维风格的二维图片

第二，明确AR界面设计中的真实元素，可以让我们更明确地了解和认识到界面最终的使用场景。这也是和之前制作屏幕UI不一样的地方：真实的使用场景作为界面的一部分而存在。这里真实的使用场景是指用户在使用AR应用的过程中，需要纳入整个操作过程，成为应用流程一部分的真实物体，也是指用户使用AR应用时所处的环境，包括白天或者晚上、室内或者室外，因为这会改变光照效果，对界面显示和技术都有影响。真实的使用场景也包括操作空间，即是否有其他障碍物或者用户可能应对的其他情况。

对真实元素的明确可以进一步引申为在AR技术下对用户场景的思考。体验设计发展到如今的阶段，"用户场景"已经不是一个新鲜的词汇了，在AR界面设计中，它又需要重新被定义和审视，这涉及我们在3.5节和3.6节中提到的3个模式是否能统一，并最终形成顺畅的人机交互通信。

第三步，设定分类模式

当确定了虚实元素并进入具体的设计阶段时，为了形成和我们设想一致的AUI场景，我们一定要设定好虚拟元素相对于真实世界的位置和运动关系，也就是2.5节中介绍的内容，这样才能在设计方案中更好地描述这些虚拟元素。同时，由于设定了分类模式，第二步中各元素的组合结构可以进一步确定，有利于具体的排版和接下来的细节设计。

仍以图4-2所示的界面为例，在明确了需求和虚实元素后，我们就能知道"标注"是B类窗口，因为它与这个场景真实的连接器的位置相对固定，而左边关于真实物体的孪生信息面板属于D类窗口，它会一直固定在屏幕的这个位置。也就是说，这个AUI场景是由两个虚像的类型窗口组成的：一个B类窗口，包含了一个虚拟元素；一个D类窗口，包含了一张图片及一些文字信息。到这里，整个界面元素的组合结构也就清楚了。

不过，因为虚拟元素有属于世界领域的B类元素，它的属性决定了这些元素也不会围绕用户一直可见，有可能存在B类元素关联的真实物体不在用户所视范围内或者在所视范围内到处移动的情况。如图4-6所示，可能存在用户拿着连接器移动，黄色定位线显示位置较偏，或者把连接器放在另外一边，黄色定位线不在所见界面内的显示情况，甚至呈现B类窗口和D类窗口有可能重叠的状态。

图4-6　真实环境处于变化状态的AR界面

由于分类模式确认了虚拟元素与真实环境的相对关系，所以不同环境下的界面显示才能更加完整地被考虑，从而进行有针对性的优化。比如，当画面中没有连接器时，是否需要给予用户一定的提示。

但是，这只是例子里一个静态界面所包含的内容。按照前面两个步骤，我们知道，这个需求下的用户流程要完整，需要有识别过程，那么这就需要有一个体现识别过程元素的窗口，这又是一个D类窗口。

也就是说，图4-2所示的例子里关于这个界面的需求，按照分类模式来讲，一共包含一个B类窗口、两个D类窗口，如果再考虑一些必要的提示，就是在这个AUI场景里，存在一个B类窗口和3个D类窗口（提示、识别、图4-2左边的UI面板）。当然，它们并不是同时存在的，彼此之间存在交替转换的过程。

需要注意的是，无论这个AUI场景是由几类窗口组成的，它们各自有几个虚实元素，每个虚实元素的具体样式和交互是怎样的，在这里介绍的，都只是针对例子里的项目背景而言的，即在当时情况下给出的答案。和所有的界面设计方案一样，不存在最好的方案，也不存在标准答案这样的说法，只能说是不是最合适的。

4.2.2 将3个步骤整合到完整的设计流程中

在4.2.1节，我们在分析需求、明确虚实元素，以及设定分类模式的过程中，逐渐完善了一个需求点下所需要设计的AUI场景。从这个需求界面可以看出，和AR界面不同的是，一个完整的AUI场景包含了多个静态的AR界面。这也反过来说明了我们为什么要在第2章介绍AUI，因为界面只能是一个时刻的截断面，但当真实世界加入进来后，它就不能只是一个界面了，所以我们引入了AUI这个概念。这个概念想要说明的是，一个AUI即使很小，讲的也是一个完整场景下的UI。面对AR虚实结合的特性，只有谈场景，才算是真正的AR界面设计。

而扩展到整个项目，我们就要用到触点的概念了，每一个AUI的场景是一个人机交互通信的触点，但一个触点是不能让整个双环结构（见图3-37）运转起来的，它必须是多个小的AUI场景结合起来不断转动的过程。

对于4.1节介绍的ToB端的项目来说，它是用一个平台和一个应用共两个终端结合起来的更大的一个人机交互闭环。平台指网页平台，它主要提供连接器和线缆的对应关系录入，并且将这些已有知识形成数据传递给现场应用做对比分析，从而能够视觉化地展示出对应插孔的正确位置。应用就是我们前面讲到的界面终端，它包括之前我们提到的AUI场景，以及我们在之前的介绍中并没有讲到的一系列相关界面，如连接器的选定、线束的识别等。

也就是说，整个项目的人机交互闭环主要包括两个任务，如图4-7所示。第一个任务的用户A完成连接器和线缆对应关系的录入任务，这个任务是由与AR无关的屏幕UI所创造的多个交互触点构成的，它们在第二个任务中的AR界面创造可比对的数据。第二个任务中才有本书介绍的AR界面，这个任务也包含了多个AUI场景所构成的交互触点，每个触点放大看，就是一个双环结构。第一个任务和第二个任务的所有触点，共同组成了整个项目的设计。

到这里，我们可以再来回顾一下AR的特点：虚实结合、实时交互、三维注册。体现在图4-7中，AUI场景最后能实现装配指导任务的，并不是说只有虚实结合就够了，数据传输提供的实时交互可能、识别技术提供在真实世界的三维注册，一个都不能少。

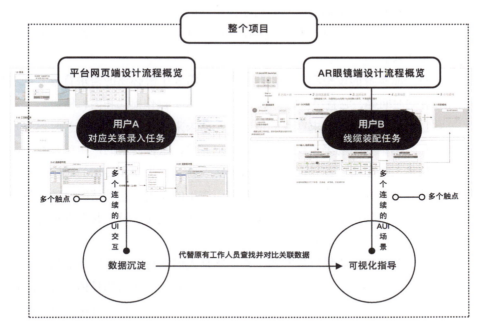

图4-7　AR界面范例的整个项目关系

在4.2.1节中介绍的3个步骤，是完成一个AR界面设计的最小闭环，我们在其中介绍了对于AR界面设计来说比较关键的部分，但对于一个产品（或者一个产品阶段）的整个设计过程来说肯定是不够的。AR界面是AR技术所带来的一种新的交互体验，它并不会改变完整的设计过程所应该包含的流程和方法。

我把这个完整的过程分为需求和功能分析、概要和详细设计、设计评审及跟进、还原度检查及评估4个阶段。我们简单浏览一下每个阶段的方法，重点关注一下AR界面会为用户带来的不同体验。

第一阶段，需求和功能分析

这一阶段既包含我们在3个步骤中提到的需求分析和确认，当然也包括明确产品目标，进行用户画像分析、调研、初步方案的探索与收敛等具体方法。我们在前面已重点介绍了一些，这里我把这一阶段的任务概括为3个理解：理解需求、理解情境、理解用户。

第一阶段由于是需求和功能分析，所以理解需求自然是这一阶段的第一步。理解需求的重点是确保设计的产品的功能和需求方的要求一致，甚至需要综合不同的相关者对这个产品的不同见解，从而整合形成一个共同认知，让大家达成初步的愿景共识。说直白点，就是你对产品的初期设想，应该和你的领导或者和产品经理等人的理解是一致的。如果以用户体验五层结构模型来说，这里就是描述清楚底层的产品目标是什么。

除了对产品本身的设想和目标，理解需求还需要了解必要的需求背景，如项目的预算和计划时间等，它直接决定了AUI的显示方式、操作模式和内容模式。

理解情境，是指理解需求产生的情境和产品未来的使用情境。有些时候，这两个情境是一样的，如市场渠道反馈过来的用户需求，这种需求的产生就是在产品未来的使用情境下产生的，或者说，产生这个需求就是因为现在使用的时候没有它。还有一些情境就不太一样，如因为竞品研究而产生的需求，这种情况通常会带着需求出发设想用户的使用情境，但要警惕，这可能和你做交互设计时要真正考虑的情境并不一样，或者不完全一样。

情境不单单是地点或场所的问题，它应该是人们在行动之前所面对的情况和场景，包括主角、角色关系（如果有的话）、行为、时间、地点和具体场合等。地点不等于具体场合，如同样是宴会厅，正在举行宴会的宴会厅和没有举行宴会的宴会厅就是两个场合。

对于AUI的设计，情境的理解直接影响到用户的直观感受。举个简单的例子，同样是电力行业的巡视任务，在室内和室外的感受是不一样的，甚至早上的室外和中午的室外，因为光线不同造成识别稳定性的波动、界面叠加实景后的色彩等都是不一样的。

理解用户的目的就是要确定我们为谁设计产品，我们设计的产品最终谁在使用，有一个专有的行业名词叫作"Persona"，也就是人物模型，它决定了我们如何去设计产品的行为和界面，也就是说，这个产品的行为逻辑要符合哪类用户的行为逻辑和认知世界。

正确的人物模型应解决以下3个主要问题。

（1）将用户具体化，保证不会在设计过程中频繁地出现"初级用户""高级用户"之争。

（2）自我参考。最常遇到的就是工程师或者技术人员以自己认为简单的方式来处理与用户相关的逻辑问题。举一个很简单的例子，在AR眼镜的预装应用上有一个很简单的应用，即用AR眼镜拍照，如果要导出照片，需要通过数据线连接至计算机，然后才会有相应的提示。然而后来我们发现，用户最需要的提示其实是"请用数据线把AR眼镜和计算机连起来"。

（3）边缘功能和逻辑的设计。这对避免陷入有关细节的争论有非常大的作用。在设计和研发时常常要考虑边缘情况，但一定要分清主次，而不要为了一个1%概率出现的情况，让99%概率出现的情况让步。

确定需求是为了建立统一共识，防止需求范围的蠕变，以及分清优先级。功能的优先级在对一个点进行设计的时候可能看不出它的重要性，但当我们看到整个产品时，优先级就表现得很重要了，这能保证我们把最多的精力和时间用到正确的地方。毕竟，项目管理中常提到这样一句话：资源永远是不够的。

第二阶段，概要和详细设计

这个阶段包含了我们在前面3个步骤中提到的第二步和第三步，但也并不代表这两个步骤可以涵盖一个优秀AUI场景设计的全部实操内容。总体来讲，这个阶段可以分为概要和详细设计两部分。

在确认了需求，进入具体的详细设计之前，我们一般会提炼设计的框架和主要流程，因为如果主要框架发生变动，会牵扯非常多的细节改动，造成不必要的反复。这一阶段需要决定功能是如何组织的，分了哪些层次，以什么样的方式与用户产生交互触点等。一般来讲，概要设计包含3个方面：关键画面、主要结构、主要逻辑。

关键画面，是指依托主要结构和主要逻辑而产生的关键性界面。根据情况，概要设计可以是草图、线框图，也可以是效果展示图。只要能比较具体地显示出关键画面上的元素和彼此的关系，以便更好地达成共识就可以。

什么样的画面才能称为关键画面呢？

可以这样说，关键画面就是用户行为地图里与产品接触的主要点，要么是用户接触最频繁或停留时间最长的画面，要么是整个任务中影响结果的关键行为所在的画面，它的"关键"主要依托后面讲的主要结构和主要逻辑。

使用用户体验地图模型来梳理关键画面，就是要找出在图4-8所示的那些曲线上，对于主要结构和主要逻辑影响很大的画面。在这些画面中，AUI场景的虚拟内容显示模式是什么样的？是融合在现实中的还是现实部分的孪生，或者只是借助环境而展开的沉浸式画面？这些内容出现后的深度又怎么表现？这些方面都可以将关键画面以更具体的方式展现出来，而不是让它只存在于每个人的脑海中或单纯文字的描述里。当然，用户体验地图本身是一个工具，它主要是通过分析用户的行为路径和情绪体验来寻求产品机会点，通常用在需求或设计研究阶段。

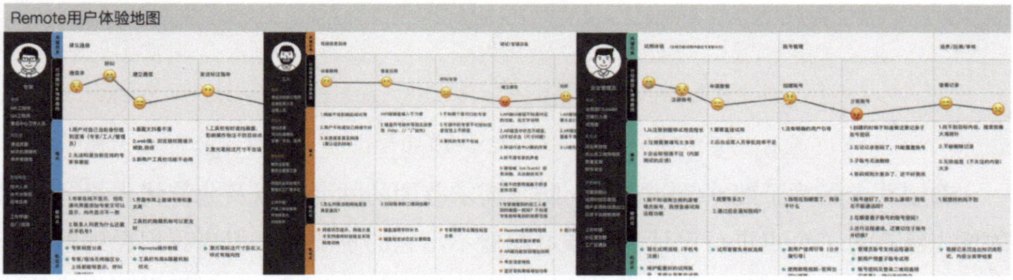

图4-8　使用用户体验地图模型梳理关键环节及相关界面

对于B端系统来说，因为涉及多个角色，所以可能涉及多张用户体验地图。在我们设计的一个AR项目中，之前大部分精力都放在用户长时间使用的AR界面上，认为那里才有关键画面，但经过梳理后才发现，最好的机会点是在正式使用之前的流程中，非AR界面中也存在着对整个产品体验强相关的关键画面。

主要结构是指产品的功能要如何组织才能满足需求。在这里，我们用良好的交互结构来保证整个产品的统一性，使整个产品各功能之间能够顺利地交互。交互是对内的，是指产品内部连接的顺畅度，这里不仅要求顺畅，还需要有效率。

结构主要包含两个方面：一个是分类，一个是层次。

先说分类，举一个生活中的例子。现在有猴子、兔子、熊猫、竹子、香蕉、胡萝卜，我们需要确定最终是按照动物和植物来分类，如猴子、兔子、熊猫分为一组，竹子、香蕉、胡萝卜分为一组，还是按照食物喜好来分类，如猴子和香蕉、兔子和胡萝卜、熊猫和竹子。

当然，就这个生活中的例子来讲，每个人的分类可能是不一样的。心理研究发现的结论是：个人主义文化背景的人群比较偏向于第一种分类，集体主义文化背景的人群比较偏向于第二种分类。这就提醒我们：交互设计里的分类也是一样的，这个时候，之前对于需求、用户和情境的理解所产生的作用就体现出来了，它会帮助设计师进行更适合产品用户的分类。

类别的划分能够帮助设计师了解哪些功能或内容应该放在一起，层次的划分能够帮助设计师了解哪些功能或内容应该放在前面、哪些是一级界面的元素、哪些是二级界面的元素。

- 类别：哪些功能或内容应该放在一起。
- 层次：哪些功能或内容应该放在前面。

无论是类别的划分还是层次的划分，我们遵循的原则是最易于一般人理解，而不是从技术人员角度来划分层次，并且在具体操作上，还要从该产品的定位用户角度来考虑。

第三个方面是主要逻辑。关键画面里所描述的任何一个直观体现的按钮或区域都有充分、明确的理由，也就是说，这个界面必须有支撑而不是随便画出来的。如果说结构属于静态的支撑，那么主要逻辑就属于动态的支撑。

结构和逻辑共同支撑着关键画面作为具体的界面体现出来，缺一不可。

简单地讲，主要逻辑就是强调关键画面之间是如何连接起来，并最终帮助用户完成任务的。我有时候也把它叫作用户流或者逻辑线。

在框架这一层，我们主要考虑线性逻辑，不必纠结过多的细节。比如，我们在前面3个步骤中介绍的例子，谈到当物体不在画面中间的时候会呈现一些提示等，就属于不需要在概要设计阶段纠结的细节。

这就好比我们在一个道路众多的花园里穿梭，要尽快找到出口，只需要找到一条最主要的路线即可。

主要逻辑线确定后，我们还可以简单地通过它来验证是否能够达到我们预期的目的，一般来讲，就是想象我们的目标用户在情境下是否能跑通我们设定的"剧本"，并且满足需求。这里的用户、情境、需求，就是我们在第一阶段中所完成的事情。

关键画面、主要结构、主要逻辑这3个方面在实操的过程中并没有严格的前后顺序，根据具体的情况及设计师的不同习惯都会有所调整。

概要设计是很重要的一环，它可以帮助我们将第一阶段的需求逐渐具象，更快地在团队内达成共识，而且也可以和之前第一阶段提到的优先级互相验证，概要设计的主要内容对应优先的功能。但在很多实际项目中，可能出于种种原因，并没有设置专门的环节或把时间留给概要设计这一阶段，而这个时候不拘泥于形式就非常重要了，设计师可以把它作为自己的工作习惯，在具体的详细设计阶段先明晰概要部分的设计。

概要设计完成后，会进入更具体的详细设计。前面3个步骤中的第二步和第三步主要是详细设计中的步骤。当然，如果它涉及的场景是关键画面的话，也很有可能已经在概要设计里完成了。

概要设计把主要的路铺平以后，剩下的就是细节和完善。就像你去一个地方，知道目的地、有了地图、知道大概路线，但终究这些只是你上路的资本。因为在前面的阶段你不会也不用考虑红绿灯、堵不堵车、变化的天气、突然加入旅途或有事不来的同行者……下沉到细节后，你会发现还有许多问题需要考虑。这个具体设计的过程，也可以理解为在帮助用户减少尽可能多的不确定性，顺利地到达目的地。

关键画面、主要结构、主要逻辑是对应用内的所有界面和交互的框架层进行处理，接下来，就会逐渐进入视觉感知层，即五层体验要素的顶层的设计。主要逻辑、主要结构的梳理，确认了在视觉感知中人们的视线动向。主要逻辑，确保了用户眼睛的移动轨迹在整个使用流程中被恰当地引导；主要结构，确保了用户在某个界面停留时能很好地接收到界面传达的信息，结构代表规律性，包含在排版和色彩搭配中对对比和一致性的综合运用；关键画面，明晰了用户停留最多或对用户影响最大的界面，是整个应用可能留给用户的记忆点，视觉风格在这里可以得到更全面的展示。

在AR界面设计中，为了能够更好地完成这个设计阶段，设计师可以参考一些优秀的设计指导。和我们设计屏幕UI时参考谷歌公司的Material Design和苹果公司的Human Interface Guidelines一样，一些在AR方面发展得比较早的公司也提供了部分经验，推荐微软公司为Hololens准备的设计指南等。在第5章，我也会为大家罗列个人比较认可的学习资源，方便大家随时查阅和跟进。

第三阶段，设计评审及跟进

当一份交互设计完整输出后，一般来讲会进入设计评审阶段。设计评审是比较正式的说法，如果只是比较小的改动或者迭代，用讨论或者沟通可能更贴切。在第三阶段重点提到它，是因为在实操中这是很重要的一个环节。这是一款AR应用在开发前大家达成共识的最后一次机会，如非必要，不要省去设计评审这个环节。你认为理所应当的改动，可能就超出了某个利益相关者最初的认知。

设计评审需要设计师将纸面之下的思考阐述出来，从设计师的角度帮助产品完成未来状态的描摹。设计师将具体的定义梳理出来，一方面可以再一次对设计的内容达成共识，一方面也是因为个人角度有限，需要大家一起从不同的角度更具体地看到产品未来的模样和实际可能遇到的问题。何况，很多真正负责完成设计的开发工程师，可能无法介入前期的讨论，这次会议就是让他们认可这份设计，从而能更好地实现设计方案的机会。

从另外一个角度看，设计评审其实是在你的设计展现在最终用户之前，第一次面对"用户"，只不过这里的用户指的是负责研发等协作工作的同事或者领导。而设计评审，就是和前期"用户"落实设计详细定义，形成书面形式的环节。

形成书面形式的环节会落实到设计的输出物上，包括交互文档、视觉文档和相关资源包。文档是一种常用的形式，为的是描述清楚经过评审后的设计定义。对于AR界面设计来讲，这是一次叠加我们之前介绍的AR知识后的整个综合设计知识的运用。

如何讲述你的方案，这当然不是只有设计师才会遇到的问题。不过我认为，为用户而进行设计的设计师们，利用自己专业所长的"用户思维"，应对"产品"（设计稿）第一次正式面对"用户"的这种情况，应该处理得更有天赋才对。

跟进是指设计评审过后，正式进入研发的实现过程所提供的设计协助。一般来讲，如果前期设计工作做得比较完整、质量较高，只要没有遇到重大的需求更新，这个阶段的工作量是非常小的。

第四阶段，还原度检查及评估

作为设计师，一个老生常谈的话题就是还原度检查，也叫还原度验证、设计走查、设计验证，这是保证研发实际实现的效果是否和设计稿一致的过程。

在产品正式交付之前，我们至少需要做一次设计还原度的验证，在此借用一位建筑设计师的话："画一张效果图很容易，项目得以高完成度的还原却很难。"如果你的设计不是仅仅停留在纸面，你就需要面临最终的设计还原度问题。有时候AUI设计因为技术的创新性（创新可能意味着不稳定），真实环境的引入，和设计预想不一致的情况会比较多，还原度检查还有可能做2~3轮才能保证较好的结果。

在还原度检查中，我们会遇到各种各样的沟通问题。

"我这样实现也行吧，我觉得比你设计得还好点。"

"这里还不对吗？我已经改了好几遍了……"

"项目时间太紧了，我们先实现功能吧。"

"不就几个像素吗？差不多行了。"

……

这些其实并不是个例。

在设计还原度检查的过程中，我们常常会遇到这样或那样的问题，令这个过程耗费精力无数，最终收效却并不大。一位设计师说他们做的某个项目，最终耗费了30人/天的精力去做还原度验证，比设计所花费的精力还多。

设计的项目还原度如何，是每一位设计师成长的必经之路，也是设计师能力的一种重要体现。也许你会产生疑问：明明是研发实现的问题，怎么能成为衡量设计师能力的一种体现呢？

诚然，在同等条件下，优秀的研发工程师能够凭借自身实力和丰富经验实现更高程度的设计稿还原。同样地，优秀的设计师也可以凭借自身实力和丰富经验，保证自己的设计稿具有更高的还原度。这是一个相互影响的过程。

所以，从本质上讲，设计还原度是一个合作问题，也是设计实操阶段非常重要的组成部分。

AUI设计也是一样的，是建立在设计还原度检查的通用场景上的一个特殊场景。

整个设计还原度检查的内容可以分为3个部分：交互、视觉、整体体验。

- 交互：交互内容紧扣功能，但和测试不同，主要以用户的使用流程来检查相应功能下的交互逻辑是否完整实现、反馈和提示是否有遗漏、使用时的合理性和可用性是否与设计初衷一致。

在AR中还应多关注各种交互转换中的相对参照分类是否正确。

- 视觉：前端页面的静态效果是否和设计稿一致，包括色彩、布局、排版等细节，这部分内容一直是研发和设计难以达成一致的"重灾区"。在AR应用中，视觉还包括三维内容的大小、材质等细节。因为虚实叠加的特性，设计图的预期和实际效果会出现不一致，也需要在这个环节去评估和确认最终的效果。

- 整体体验：AR设计是虚实结合的设计，我们在实际设计时虽然只能着眼于虚拟元素，但用户所体验到的是结合真实环境的虚实结合界面，所以特定环境下的整体体验检查也是必要的。也就是说，如果有条件，建议尽可能在能模拟真实用户环境的地方进行还原度检查。有些项目由于是整套系统，通常存在多个终端数据联动，比如Web平台和AR应用的联动，那它们之间的交互是否符合设计需求、是否有遗漏和错误，也属于整体体验的检查内容。

什么时候做设计还原度检查最合适呢？为了实现效率最大化，我们推荐产品提测后再进行设计还原度检查，一般来讲，最好在测试团队完成第一轮功能测试后再介入。原因有以下3个。

第一，一般功能性的错误更为紧急，因为它大多会导致产品在该功能上存在完全不可用的状态，这个时候即使设计师介入去做设计还原度检查，也很难检查到设计本身的问题。

第二，在改动功能型错误的时候做设计还原度检查，会使某些已经修改的还原度问题复现，加重反复查验的工作负担。

第三，一些很明显的交互和视觉问题，其实测试团队是能够帮忙检测出来的。

至于还原度检查到什么程度，其实没有非常硬性的标准，不同公司、不同项目、不同设计师都可能不一样。有人认为95%以上的还原度才能达到标准，有人认为90%甚至80%就算达到标准。一般来讲，还原度标准：C端＞B端＞管理后台。但AR应用的还原度标准即使在B端，也应该大于通常的B端应用，一个原因是在当前的技术水平下，许多AR应用首要满足的是展示目的，交互和视觉的最终效果是非常关键的；另一个原因是营销宣传的传播让用户对AR技术下的展示效果存在较高的原始预期，如果差别过大，用户的主观感受有较大落差，会影响对产品本身的评价。

在设计还原度检查中，我们还常常遇到这样或那样的问题，归纳起来有以下几点。

- 设计输出有缺失。

设计输出的缺失主要体现在两个方面：一个是内容本身的缺失，一个是附加说明的缺失。内容本身的缺失是指设计输出里缺少某些细节交互的说明，如界面不同状态的展示、不同状态的按钮或图标切图、动效说明等。这个可以依靠设计师的细心和对设计的自查来避免。附加说明的缺失主要是标注的问题。随着行业的发展，现在已经有很多自动标注和切图工具了，但正因如此，设计师反而容易因为懒使设计输出缺失很多需要手动补充的标注信息。

- 设计处理不规范。

设计处理不规范，主要是指设计师自由发挥，完全不考虑研发的实现难度和整个项目的目标。有些设计稿乍一看质量上乘，如果仅作为停留在纸面上的作品可以说相当优秀，但是用户体验设计毕竟不是纯艺术，而是用来解决问题的方案，需要掌握平衡。

- 研发没有理解设计的逻辑。

由于每个人的角度不一样，因此即使输出的设计文档在设计师看来再详尽，在研发人员的理解中也可能完全不一样。

- 研发人员和设计师在优先级认知上不一致。

如果说没有理解带来的现象是研发人员认真地做了，但没有做对，那这一点带来的现象就是他明明可以做好，却总是不好好地做。也就是我们常常"吐槽"的研发人员"不配合"。这里的"不配合"，其实就是双方在优先级认知上不一致，你提出的还原度问题，他觉得没什么关系。既然无关紧要，何必浪费精力？

- 还原度检查不完整。

该检查的内容没有检查到。原因可能有自己的，也可能有外部的。比如，在AR设计中，我们经常遇到很难完美复现AR应用真实环境的问题。又如，在某个ToB项目中，由于Web平台的联动终端是机器人，因此我很难在某些与机器人强联动的界面上进行整体的体验检查。

为了有效保证还原度，我们可以做的事情有很多，具体包含以下7点。

（1）重视设计规范。

第一，有规范。第二，符合规范。

有规范是指整个设计有自己的规范定义，同类的元素应使用相同的规范来呈现，具有一致的间距、大小、色值设定等。比如，同样表示"可用""不可用"的标签，在所有的界面都应该是一致的视觉元素，包括样式、颜色、文字、间距、大小等。

符合规范是指符合研发语言的基本规范定义。比如，在可行的情况下，尽量使用该语言下的常用标准框架，定义最小单元网格（一般为4px、6px、8px等），切图或间距等尽量以此为倍数，不要出现奇数等。这些都可以提高研发的效率。

设计规范标准与否，直接影响到后面的设计宣讲和设计输出的质量的高低。

（2）了解开发思维。

了解开发思维，在做设计稿的时候就可以换一个角度来看问题，这样可以让自己在后面的还原度检查中更省心、省事。

首先是最简单的盒子模型。盒子模型是CSS语言中的术语，又称框模型（Box Model），所有HTML元素可以看作盒子，在设计和布局时使用，如图4-9所示。CSS盒子模型本质上是一个盒子，封装周围的HTML元素，包括边距、边框、填充和实际内容。盒子模型允许我们在其他元素和周围元素边框之间的空间放置元素。

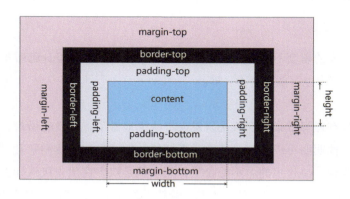

图4-9　CSS语言中的盒子模型

接着，我们来了解一下AR设计中常用的U3D工具，它可以使用多种语言来开发，布局可以分为3种方式：固定像素、根据屏幕大小进行缩放、固定物理距离。

- 固定像素，忽略屏幕的大小，根据UI元素的实际像素显示，像素大小始终不变,即一个100px×100px的图片在任何的分辨率下都占用100px×100px的像素。一般在PC端显示会使用这种方式,因为PC端分辨率的差异并不大。
- 根据屏幕大小进行缩放是研发常用的一种方式,通常根据设备真实分辨率与设计分辨率对Canvas进行缩放。一般有3种模式:Match Width or Height、Expand、Shrink。
- 固定物理距离,就是忽略屏幕大小和分辨率,根据UI的实际物理大小来显示。

(3)宣讲设计逻辑。

这是我们将设计评审放在第三阶段的原因,不管是和设计评审一起还是私下对接研发,我们都要对自己的设计逻辑和输出内容做讲解,通用的设计规范、资源图的命名规则、特别事项的注意等也可以包括在内。

讲解的目的就是让他人理解你的设计逻辑。

通过讲解,研发人员可以明白这些设计的内在意义,知道为什么要这样做,只有这样他才能帮设计师把设计实现得更好。同样,讲解设计逻辑的时候一定要求具体的研发工程师到场,这会提高后面一系列工作的效率。

想一想,当设计师把自己辛辛苦苦甚至连几个像素的一点点色差都要纠结半天的作品托付给另外一个人时,就应该嘱咐嘱咐几句:"亲~这非常重要,值得你好好对待。"

(4)完善设计输出。

完整的设计输出,应该包含承接产品需求文档的交互说明、视觉说明和相关资源。在实际的工作中,文档本身不是关键,因为它的问题并不难解决。文档是能够清楚描述定义的常用手段。

那么,对于交互说明,应该定义清楚可点击部分跳转的界面、不同状态下的中间过程、特殊情况下的界面处理、AR虚拟元素的虚实相对位置、内容显示模式等。视觉说明,应该包含对规范的说明和帮助研发实现界面的标注。标注部分,除了由自动标注软件标注的部分,还应该将无法自动标注出来的内容通过手动标注补齐,这些内容包括但不限于动态内容的标注、绝对位置和相对位置的标注。

- 规范的说明。需要设计师梳理通用的内容,让研发工程师对项目的前端界面样式有一个整体的了解,快速查找和定位到具体页面的基础样式(如标准色、标准字、按钮等),也可以让研发工程师清楚地知道哪些内容只要认真地调整一遍,就可以复制到其他地方了。

AR应用主要使用U3D工具研发,不像普通的屏幕UI由诸如蓝湖、摹客、Marketch这些标注工具进行自动翻译。我所遇到的研发工程师大多倾向于把设计师的效果图放到正视图下，再用切图的元素将一个个界面拼出来，如果研发工程师知道有些界面通用一套"拼图法则"，那会省事很多。

- **动态内容的标注**，如图4-10中对于微信小程序规范V1.0动态内容的标注。

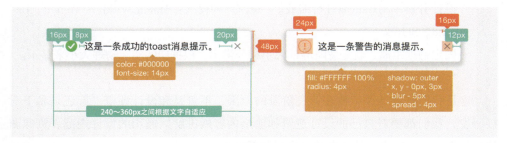

图4-10　微信小程序规范V1.0动态内容的标注

- **绝对位置和相对位置的标注。**

在AUI的设计中，有些可以用自动标注精确到像素完成，但有些因为深度或动态的关系可能很难精确标注，此时就需要手动标注，如始终保持模型中心点位于视野中心之类。

在AR应用中，由于涉及三维空间，相对参考物尤为重要，首先要保证研发工程师知晓当前界面中每个元素的参照对象，即虚像的分类模式（详见2.5节的相关内容），然后按照技术规范的具体情况以百分比或像素进行标注。另外，我们还需要对UI信息的距离和朝向做出说明。

绝对位置和相对位置的标注如图4-11所示。

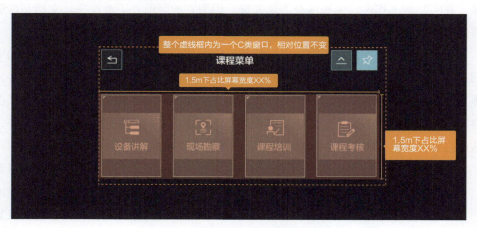

图4-11　绝对位置和相对位置的标注

当然，我们也可以更为精确地使用当前 Z 轴下的物理尺寸进行标注，但需要一些转换，因此比较难把握。

有标注的这部分知识是和了解开发思维相辅相成的,当你了解了开发思维后,就能够标注出更符合研发工程师要求的说明。

- 相关资源是指研发过程中所需要的视觉元素资源。相关资源可以按照一定的规范命名,以方便研发工程师查找使用。

值得注意的是,在AR应用的设计中,视觉不仅包括二维视觉(GUI)的必要说明和相关资源,还包括三维视觉内容的必要说明和相关资源。为了更好地模拟实际研发后的效果,我们应尽量还原用户可见界面,推荐在视觉设计输出时添加环境照片。如图4-12所示,右边添加了环境照片后的界面的视觉效果在视觉表现上明显不同于左边黑色底的界面。

图4-12 添加环境照片模拟AUI场景

最后,设计输出是设计体现的书面形式,好的设计输出让你在交付研发时可以放心大胆地说一句:"还有不懂的可以看文档哦,如果有问题可以再找我。"

(5)了解检查目标。

前面我们说过,还原度标准一般是C端>B端>管理后台。AR应用由于其特殊性,因此交付B端的AR应用一般高于普通B端的还原度标准,在此基础上,我们可以根据项目公司业务和项目实际情况来确定一个基准。

分清轻重缓急,避免体验问题被搁置,或者好改的体验问题被改了,而比较重要的体验问题反而因为不好改而被遗留下来。

(6)选用合适工具。

对展示在实际屏幕中的界面,现在市面上已经有一些工具可以帮助设计师进行还原度检查,特别是对于网页设计的视觉部分来说可以省力不少。这里简单地举两个例子。

第一个:Css Peeper。

图4-13所示的Css Peeper比浏览器自带的Css代码检查工具更适合设计师,不仅可以看到元素的常规属性(如颜色、背景、间距),还可以看到元素的盒子模型,甚至可以看到元素的Padding、Margin等。

第二个：Copixel。

图4-14所示的Copixel是字节跳动公司出品的一款设计还原度检查插件。这个工具通过在网页上放置设计稿图片，检查设计稿与开发结果是否完全重叠来判断开发的还原精度，并精确到像素，以实现高质量的项目还原效果。

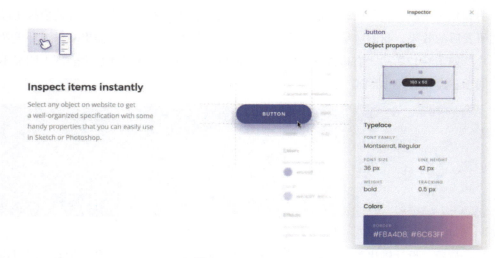

图4-13　Css Peeper

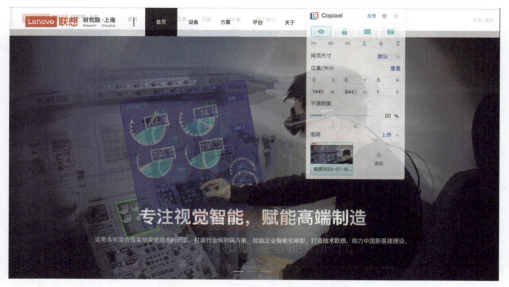

图4-14　使用Copixel上传设计图对比实际研发网页

(7)记录总结情况。

在还原度检查中,要注意把握自己的时间节奏,统一时间检查,统一时间验收,并做好追踪记录。

在项目发布之前,很多情况下体验问题得不到全部解决,这个时候总结现有的设计还原程度,明晰重点问题及可能产生的体验风险,能够帮助整个项目快速了解现状,决策任务优先级。对于其他遗留的问题,也能够有机会进入下一轮迭代中。设计还原度验收表示例(部分)如图4-15所示。

 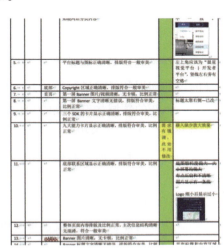

图4-15 设计还原度验收表示例(部分)

总体来讲,要在第四阶段做到进行高质量、高效率的还原度检查,需要关注以下7个要点。

(1)重视设计规范:第一,有规范;第二,符合规范。

(2)了解开发思维:以组件化思维提升效率。

(3)宣讲设计逻辑:直接沟通增加理解。

(4)完善设计输出:交互、视觉及资源,有物可查。

(5)了解检查目标:分清轻重缓急,优先级达成共识。

(6)选用合适工具:达到事半功倍的效果。

(7)记录总结情况:方便追溯及统计。

还原度的本质是一个合作问题,只有设计质量硬,配套产品全,在与研发合作的过程中活用用户思维,才能让我们的设计作品得到更高的还原度。

正如亚马逊的设计总监Joanna所说:设计一幅景象是一回事,让它真的实现又是另一回事。

对于AR界面设计，在还原度检查完成后可以抽时间对整个检查环节进行一次复盘性评估，重点关注设计预期和实际实现的不同，找到原因，思考更好的方案。正如第1章所提到的，AR及其所在的人工智能领域依然在发展阶段，体验设计更是如此，需要不停地探索，从充满未知挑战和机遇的丛林之中找出那条通往未来的路。在技术领域，有人称这个阶段为丛林阶段。

4.3 是叠加而不是重构：新时代的设计师知识构建

本书介绍到这里，可能你已经发现了，要做好AR界面设计，其实并不需要对以往的设计知识和经验进行重构，而是要将这部分新的知识纳入你以前的知识体系中，在一个新的领域将新吸收的知识和以前的知识综合起来进行构建。所以，即使你从来没有设计过与AR相关的内容，也可以非常快速地上手进行设计。当然，设计的质量如何、花费的时间和精力如何、落地的实现效果如何，依然需要我们在实际的练习中不断磨炼。

如图4-16所示，我将AR界面的实操过程及第2章的内容进行整合，使其形成了一个相对完整的知识体系。蓝色虚线以上的内容是界面设计的完整流程，我把它分为4个阶段。

第一阶段，需求和功能分析，重点是3个理解；第二阶段，概要和详细设计，重点是3个方面；第三阶段，设计评审及跟进，重点是3个流程；第四阶段，还原度检查及评估，重点是3个检查内容和7个检查要点，其中4个检查要点是在第三阶段铺垫好的。当然，其实每个阶段都要以上一个阶段所打好的基础为起点，就像AR界面设计也需要基于完整的设计流程和综合的设计知识。蓝色虚线以下的内容是在整个设计阶段中AR所需要注意的地方，通过本书在第2章对有关概念的介绍，我们已经为这些注意事项打好了基础。通过3个步骤的最小闭环，我们就可以快速形成一份AR界面设计方案。在第3章用人机交互模型构成的双环结构，则是在实操经验之下，又靠着实操经验验证优化，对第2章有关概念的基础知识进行更完整和深入的运用。

当然，你也可以根据自己的理解和已有的知识体系，搭建和图4-16所示的体系图不一样的知识体系。和我们设计一份方案一样，只有适合的才是最好的。

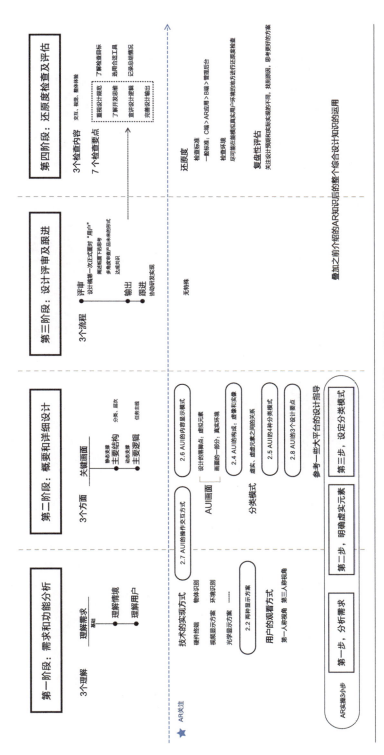

图4-16 实操与概念运用体系

第5章

———

成 长

5.1 世界由不断变化的事件组成

意大利的物理学家卡洛·罗韦利认为"世界由事件而非物体构成",这是科学界看待世界方式的一种顿悟,是牛顿力学、电磁学方程组、量子力学等科学的伟大跨越,它们都是描述事件是如何生成的,而非物体是什么样的。即使是一块石头,从微观世界的角度来理解,也只不过是无数基本粒子的运动刚好达到一个在宏观世界中看不出变化的稳定状态,是一个比较长期的事件。这种按照事件而非物体来思考的方式,就是基于变化来思考的方式。

本书介绍了AR界面设计的基本概念,提出了以AUI场景的形式来设计的方法,以及它与整个人机交互设计体系的关系,也介绍了在实操中这些概念是如何在一个完整的设计流程中被运用的,但AR界面设计领域依然处在一个动态的发展和生成的过程中。

在第1章我们就探讨过,无论是从NUI的愿景还是从元宇宙的构想来看,当前的AR及相关的人工智能技术还远远没有达到成熟的阶段,依托此技术的用户体验和设计沉淀,自然也还处于探索和发展的阶段。所以,以变化的思维来看待本书的所有内容,就是在不断地学习和实践中优化和完善这些概念、模型、实操的方法,逐渐形成自己的知识体系、思维方式和设计习惯,只有这样才是使用本书最恰当和与时俱进的方式。

或者说,基于这个新的知识体系,我们可以完成AUI设计师的核心能力构建。

设计一份AR界面方案需要有系统的方法,同样地,构建个人能力也应该有一套系统的方法。在本书的最后一章,我期望通过一个简单的动态循环圈,形成一条AUI设计师的核心竞争能力成长路径,为你在未来的设计道路上提供一点帮助和启示。

核心竞争力3步循环圈如图5-1所示。它是我结合个人的经验,把个人成长过程中所接触的许多文章、课程、一些书籍中重要和重复被提及的关键内容提炼出来而重新构成的一个小模型。在本书中,我主要结合相关内容,再参考已有的各种设计师的能力模型,对之前的动态循环圈进行了优化和更具体的处理。

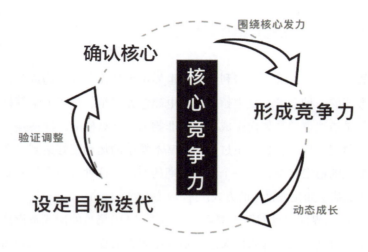

图5-1 核心竞争力3步循环圈

5.2 AUI设计师核心竞争力的形成

核心竞争力最初来源于企业，指的是组织具备的应对变革与激烈的外部竞争，并且取胜于竞争对手的能力的集合，同时也是能够为企业带来竞争优势的资源，以及资源的配置与整合方式；之后，这个概念逐渐对应到产品上；最后，它才被运用到我们每个人身上。核心竞争力主要是指在工作和职业领域，个人所具有的、不会轻易被替代的竞争优势。简单地说，核心竞争力就是使你在职场中处于"没你不行或者没你就不怎么行"的地位，它也体现了一种即便辞职、被开除，也能快速找到好工作的能力。

无论你是在公司工作还是自由职业，可能一生三分之一的时间都花费在工作上。核心竞争力，是我们在职场和个人成长中都避不开的一个话题。它是在一件件细小的事情中不断形成的。

不过，在讲如何形成核心竞争力之前，我们首先要解决心态问题。因为一提到核心竞争力，很多人的第一反应是"我没有什么竞争力"。

其实，我们可以把这句话稍微改变一下，不是"我没有"，而是"我还没有"。

那些未来在你身上能够展现出核心竞争力的部分，可能一开始呈现出来的样子并没有什么力量，只是因为你的性格、喜好、环境和经历等而形成的，属于你的一个特点、一个习惯、一种风格、一个观点而已，你甚至根本没有意识到它是一种能力。比如，对于能够读到这句话的你来说，"学习力"就已经是你所拥有的能力了，它可是一项非常重要和难得的能力。

所以，不是"我没有"，而是"我还没有"。

这个初始的认知状态很重要，"还"表示处于进行状态，寓意着变化带来的机会。用这种改变话术的方式使潜意识发挥作用，是一个非常实用的技巧，随之而产生的思考方式，也是我们基于变化的思考方式。

能力，包括两层含义：一层是已有知识、技能和取得成绩的水平；一层是接受培训和实践后获得成功的可能性，是潜在的部分。

美国心理学家霍华德将个体用来解决问题和创造物质财富的能力分为10种，具体包括语文能力、数理能力、空间能力、音乐能力、运动能力、人际关系能力、反省能力、自然智力、精神智力等。

美国另一位心理学家霍兰德的六角职业兴趣理论认为人和环境可以分为现实的、研究的、艺术的、社会的、企业的和常规的6种类型，人们可以通过自己和环境的交互作用来探索自己的能力。

美国劳工部在20世纪花了10多年时间编制了"一般能力倾向成套测验"（GATB），用于学生和成人的职业咨询和安置。

基于瑞士心理学家荣格的理论发展的MBTI能力测验模型，通过4个维度的16种特质来对应其能力所擅长的工作类型。

……

只要我们愿意看见，其实有很多方法能够帮助我们找到自身具有的能力。这些能力有可能是你的天赋，也有可能是后天的经验。需要注意的是，这里的能力，我们不需要去苛求，只要表现出来就可以，可能不足以让你自豪甚至也没有什么力量。

按照本书的结构，从能力角度来看，一名AUI设计师的能力可以分为专业知识、系统构建、实操落地、自我成长4个部分。

- 专业知识，指从事设计师这个职业所需要的理论知识储备，包括用户体验原则和要点、色彩的原理和搭配、图标的类型和尺寸、不同终端对应的界面显示规范等。
- 系统构建，指能够将这些知识整合运用到整个用户体验的系统构建之中，通过对界面这个触点的设计，为最终的人机交互沟通做出贡献。系统构建是理论知识与经验积累在认知层面上的进一步升级，构成了一幅个人完整的设计知识图谱，包括分析能力、用户思维、整合能力、抽象能力等。
- 实操落地，指如何把想法落地实现，是软件技能、沟通技能、执行能力、表达能力等软/硬技能的综合体现。
- 自我成长，指如何基于现有的状况，面对不断变化的行业环境而使自己不断成长的能力，包括规划能力、分析能力、学习能力、应对困难的能力等。

基于这些，我们可以将3步循环圈中间的设计师核心竞争力扩展为图5-2所示的内容。作为设计师，核心竞争力的形成就是用3个步骤不断去选择和迭代上述这些能力后表现的综合实力。

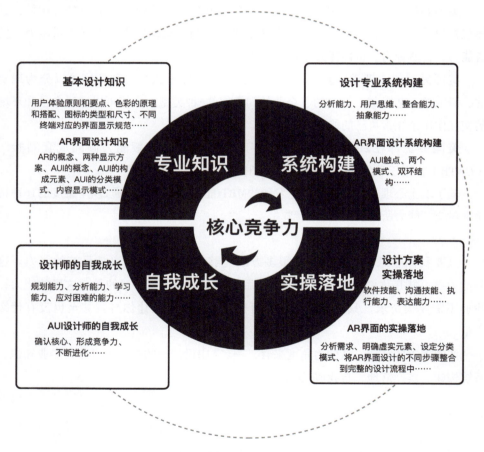

图5-2 可形成的设计师核心竞争力

如果不断细分，设计师的每种大能力都可以从不同角度拆分为不一样的小能力，通用型的小能力还会在不同的大能力中反复出现。

我不止一次地提到，AUI设计师其实是原本的设计知识和技能在AR技术下的一次应用，所以虽然本书从第2章介绍概念开始，每章都对应着四大能力之一，但它只聚焦于原有设计师能力体系下的不同部分。第2章主要介绍和AR技术相关的界面设计知识。第3章主要介绍加入AR技术后，从整个人机交互系统角度看到的不同。第4章主要介绍了在原本的设计流程中，如何将原有的知识和新的认知体现出来。而本章也是以AUI设计师为例，介绍如何成长的方法。

当然，每个人都是不一样的，不同的设计师会有各自的侧重和风格，最终形成的核心竞争力也各不相同，所以要形成这种独特的核心竞争力，首先需要确认的是你的核心。

5.2.1 确认核心

核心，字典里的解释是中心、主要部分（就事物之间的关系而言）。从它的释义来看，核心并不是什么高不可及的东西，人人都可以有相对于自己各个组成部分的主要部分，我们需要做的是对比并筛选出自己的主要部分，找出能够更好地形成竞争力的中心。

从不同角度去做对比和筛选，筛选出来的个人主要部分或者说中心，很可能是不一样的。虽然我们可以在循环圈中不断修正它，但如果一开始就偏离太多，修正的过程也会更加困难。

好的核心就像产品最初的定位，决定了这个产品能不能更快、更有效地在市场中占据一席之地。

在介绍如何确认核心的方法之前，我先来介绍一个模型——NLP思维逻辑层次模型，也叫思维理解层次模型，如图5-3所示。它是用人的内在系统来解释很多事情的一种模型，也是一种很好的梳理内在系统的模型，通常被用在职业教育、业务销售、家庭关系、两性关系、压力管理等各种场景中。

从这个模型中，我们知道一个人当前所拥有的主要能力，既可以由他的信念与价值观形成，也可以由他的行为来体现，而确认核心的方法，正好可以从这两个方面入手。

第一，从价值层思考核心定位。

从价值层来看，要找到最主要的部分，你需要梳理出什么是自己真正喜欢的、什么是自己真正想要的。在许多关于自我成长的文章里，这种梳理的能力被叫作天赋能力。

图5-3　NLP思维逻辑层次模型

拥有20年高管经验、《故事力》[①]一书的作者高琳老师在面试的时候问过许多人一个问题：如果你不差钱，你最想要干的是什么？大多数人的回答都是"环游世界"，而被问到"为什么不去做的时候"，理由无外乎是没钱、没时间。其实，单纯的环游世界并不需要很多钱，如果它真是你想要的，时间也不会成为阻碍你的理由，那么剩下的问题就是：这真的是你最想要的吗？

我们总希望自己破茧成蝶，可究竟破的是什么茧？成的又是什么蝶？

我们总希望一切雨过天晴，可究竟过的是什么雨？晴的又是什么天？

也许，从一开始这件事情就没有被想清楚过，它看上去很简单，但其实很难。就像很多人懂得很多道理，也不一定过得好这一生一样。关于自己真正想要什么、喜欢什么这些问题，如果每想清楚一点，也许基本上都可以算是一次小型的认知升级了。

这就是往上，从价值层面来梳理核心。它的优势不言而喻，市面上有许多书籍和课程在介绍它，从价值层面来梳理核心能力，其实就是一次降维打击，这会很有力量，但前提是你已经站在更高的一个维度上，有更高一个维度上的认知。

所以，虽然在较高的一个层次中的确很容易找到问题的答案和解决方法，但有时候可能需要一些运气或者A-Ha Moment。

那有没有更实操一些的方法呢？

第二，从行为层确认自己的核心。

怎么用行为去确认自己的核心呢？我认为，就是当你做这件事的时候，感受不到时间的流逝，甚至已经忘记结果，只是单纯地享受做这件事的过程。这样的行为所关联的事物，就是你的核心。

[①] 高琳，林宏博. 故事力[M]. 北京：中信出版社，2020.

这样的行为，概括来说就是能给自己带来心流的行为。

心流，是心理学家米哈里·契克森米哈赖正式提出的概念，是指一个人完全沉浸在某种活动当中，无视其他事物存在的状态。比如，很多人在玩游戏的时候经常感觉不到时间的流逝而沉迷其中，这就是心流的感觉。

难道游戏就是许多人应该确认的核心吗？

是，也不是。

是，是指这之中可能有一些要素和每个人独特的核心有关。比如，不同的人喜欢玩的游戏类型可能不一样，比如我有一段时间沉迷于Switch的一款叫作《双点医院》的游戏，它会让人考虑怎么去布局医院、设计房间，根据场景设定房间类别的数量，配置不同数量的员工角色……这也是我一贯喜欢的建设类游戏，比较起来，它有点像做交互设计时根据场景对软件界面进行布局、规划功能模块、设计流程等。如果再细心一点，你会发现，即使喜欢的是同一类游戏，每个人最沉迷的那个点可能各不相同。

不是，是指游戏本来就是按照容易产生心流的关键要素来设计的。比如，具有一定挑战却可以完成、能够得到及时回馈、有明确的目标、需要全神贯注（因此日常的烦琐无法进入你的思维）等游戏特点，可使你沉迷游戏，但在游戏中体会到心流的这种行为，并不一定代表着玩游戏就是你需要为之付出并不断迭代的核心。

另外，还有一些行为发生后能够让我们很容易地从中发现自己的核心，甚至直接上升到价值层次，解决了我们"想要什么"的问题。比如，米哈里在他的书中讲过一个案例，一个男孩子在某次旅行中去潜水，因为发现了令他无限着迷的海底世界，于是就这么轻易地找到了自己的核心所在，并且从高中起就选修了许多门生物课程，不断地迭代形成了自己作为海洋生物学家的核心竞争力。但这种行为发生的概率并不高，更多的核心需要在能够产生心流的行为不断发生后，才逐渐清晰地被我们认知到。

我简单归纳了一下，会让我们产生心流的行为可以分为以下3类。

- 第一类，游戏、看片、追剧、刷淘宝、旅游……大多数人都喜爱的娱乐活动。如果可以再具体一点，就是能够从中发现你特有的、能够运用自如的能力，总结出足以让你沉浸和自愿付出、不断迭代的核心。

- 第二类，听音乐、看画展、观戏剧，这些和艺术相关的行为活动也很容易让人产生心流体验，从而发现自己可以为之付出的核心。直白一点，很多从事音乐、绘画、表演职业的人大多是从听众和观众开始的；绕弯一些，你需要从让自己沉浸其中的感官乐趣中发现可以发展的核心。
- 第三类，是指被动进行的行为活动。比如，占据你大部分时间的工作。在米哈里的研究中，很多产生心流体验的行为活动都是在工作中产生的。

这也许和我们直观的印象相悖，如果确认核心向上一个层次是要解决"在价值观上自己想要什么"的问题，那可能大多数人都不会主动想到工作中的事情，而一旦从行为层入手后，看起来似乎发生了和价值观相悖的事情。

不过，这种相悖感只是一种表象，产生心流的不是工作这件事本身，而是工作中的具体内容。

当我们付出了大量时间用于完成自己的工作任务后，个人技巧和经验不断累积，回馈模式将很快开启。这种回馈模式不是指升职加薪，虽然也有，但更多是在做事本身上，你会感觉越来越得心应手，干起活来越做越顺。如果再有机会不断地突破一点点（或者是被动的），那么"挑战—行动—回馈"的循环就很容易产生心流的体验。

如果你的工作曾经让你体验过全神贯注、忘记了时间的感觉，那么这可能就是你最接近那个核心的时候。毕竟核心竞争力的本意就是指职业范围内的个人成长状态。

虽然工作本身不是那么有意思，但事实是我们已经倾注了时间和精力。

如果放下芥蒂，不刻意地排斥，你会发现和你价值观相契合的部分就是我们苦苦寻觅的核心。

工作中的行为活动可能成为形成个人核心竞争力的关键，这当然不代表你就被限制在某个岗位或者行业里，它只是你的经验和"养分"，是核心最初的模样或者与核心息息相关的、能够帮助你确认主要能力的那部分内容。如果你在工作中曾经体验过心流的感觉，可以仔细回想一下那时候具体是在做什么，每一次发生的时候是否都是类似的任务，或者这类工作任务之间有什么相似之处。

比如，绘制某个设计界面，你是在思考色彩搭配的时候更容易进入心流，还是在绘制图标的时候更容易进入心流？进一步讲，在色彩搭配时，你是更关注它对功能的显著度提升，还是更关注它对整体界面风格的美观度提升？

不一样的关注对应着不一样的能力主次，如果你更关注色彩搭配对功能的显著度提升，那么它更多对应的是逻辑思维能力；如果你更关注色彩搭配对整体界面风格的美观度提升，那么它更多对应的是创意审美能力。你可以把这次的探讨结果写下来：色彩搭配—逻辑思维、色彩搭配—创意审美。毫无疑问，这两种能力都是你的能力，然后在你更关注的那种能力后面加一个小符号，因为相对于另外一种能力，它更为主要，也更接近核心的要求。

不断梳理之后，你会得到关于自己相对主要的一种能力，它可大可小，也不需要限定角度。

比如，如果在色彩搭配的工作中，你发现自己对创意审美更为关注，写下了带小符号的色彩搭配—创意审美，在后面的工作或其他行为中，你可能又写下了绘制图标—创意审美、插画设计—创意审美，那么很可能，你最终得到的主要能力会是创意审美。但如果你在后面的工作或其他行为中，写下的是PPT制作—色彩搭配、穿衣风格—色彩搭配，那么很有可能，你最终得到的主要能力是色彩搭配。

这种梳理出来的主要能力，就可以算作你可以为之不断去发力的核心了。作为你的主要能力，它也许已经很有力量了，也许还很弱，但无论如何，你已经完成了第一步——确认核心，接下来你可以让它更具有竞争力。

5.2.2 形成竞争力

因为竞争力是取胜于竞争对手的能力的集合，所以一种能力在当前的社会中很难形成真正的竞争力。我们个人的核心竞争力也应该是多种能力的集合，这些能力经过配置和整合，形成我们的核心能力。

在5.2.1节确认核心的步骤中，我们不仅得到了被我们筛选出来的主要能力，也得到了很多其他能力。这个时候，把主要能力放在中间，把其他能力放在周围，摆在我们面前的其实就是一张核心能力图，它是个人所有能力围绕主要能力的一张图，是经过个体主次筛选后形成的一张集合图，如图5-4所示。

但是，集合而成的核心能力是不是有竞争力呢？

不一定。

在5.2.1节确认核心的步骤中，我们主要是在和自己做比较，从自己身上找出主要的、可以作为核心的部分。而竞争，则要和其他人做比较，你需要把自己放在社会团体中，看看是不是有能力比其他人获得更多资源。这种比较，残酷却现实。

但好在，我们中国有句老话叫"行行出状元"。

如果你只拿一种能力去和他人比较，无论怎么去发力，很难保证成功，"山外有山，天外有天"，毕竟我们绝大多数人都是普通人。不过现在我们手上有一张核心能力图，它是区分主次后的一张多种能力的集合图。

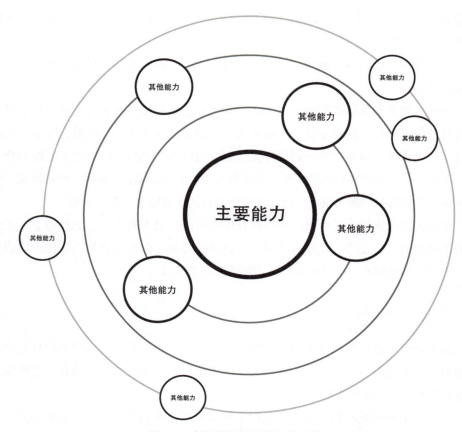

图5-4 有主次区分的能力集合图

在确认核心、构建这张个人核心能力图的时候，我们不需要考虑集合而成的能力现在是不是足以称为竞争力，只需要找出它们，并且按照自己的理解区分主次即可，而现在，我们要出牌了。

出牌，即要和其他人进行比较。

这些能力就像我们手中的牌，要打好这副牌，就要有策略、有规划。随意地一张张出牌绝不是最好的方式，因为即使最小的牌，也可以集合起来形成一个炸弹；反之，最大的牌也可能被浪费。所以，在竞争力形成的第二步中，我们的关键词是"合成"。

合成，是想要达到1+1>2的效果。

也许在你所处的环境中，能力图中没有一个是特别出彩的，可能在周围都能找出许多人在这点或那点上比你强，但如果将两种能力合成呢？如果将3种能力合成呢？

而之前你确认的核心能力，在合成的时候就会起到非常大的作用。即使两个人拿同样的两种能力去合成，只要核心能力不一样，合成的能力很可能就不一样，就像会GUI的交互设计师和会交互的GUI设计师的区别。

怎样合成更好呢？

因人而异。以我自己为例，如果我选择的核心能力是设计，用来合成的能力包括写作能力和倾听能力。如果你是我，你会怎样合成呢？这就是即使同样的核心能力，合成方式不同，合成后的形态也有不一样的结果。

当然我们可以先从简单的来，一次合成一种能力。比如，我用写作能力合成设计能力，最简单的做法就是把设计的理念和经验等写下来。你会发现，有时候在合成的过程中，行动的方法会自然地涌现出来。

一次合成的能力数越多，合成的难度就越大，当然随之而来的可以变换的空间也就越大。合成的能力，表现出来就类似于我们通俗意义上所说的综合能力，但这里会更具体到形成综合能力的关键组成。

在不断合成的过程中，你的核心竞争力也自然而然地开始具有了多维的性质，这种性质可以帮助你在不确定的社会环境中有更多可以周转的维度，而不是一定要挤在一个赛道里拼命"内卷"。

到现在，之前你所读到的本书中所介绍的所有内容，也成为你的AUI设计师核心竞争力的合成材料。也就是说，除专业知识、系统构建、实操落地和自我成长这4种能力外，你又多了可以应对AR及智能化发展阶段所需要的设计力。

当然，单种能力的强弱同样会影响合成能力的强弱。就以第2章中的虚实元素为例，AUI的构成包含虚、实这两种元素，这部分知识从字面上来看似乎非常简单，但如果你读了这一章，你就知道了虚、实不仅对应了这个界面里的虚拟元素和真实元素，也对应了两个FoV的内容；再通过理解第3章的内容，你还可以逐步深入地领会到两个FoV的内容，其实是用户的心智模型和机器的智能模型之间的一次碰撞。你对这部分知识理解程度的深浅，会影响你最终综合设计能力的表现，也就是我们说的单种能力的强弱会影响合成能力的强弱。

合成以后的能力会让原本不够强的能力更具有竞争性，用以合成的单种能力的强度同样也会影响合成能力的竞争性，这是一个相互影响的过程。正是因为这样的事实存在，就自然而然地有了3步循环圈里的第三步——设定目标迭代，从而不断进化。毕竟，无论任何能力的模型，发展性都必须是它所要强调的一个重点。

但因为在第二步有了核心竞争能力图，个人能力的进化更有章可循，我们不必再像无头苍蝇一样在所有能力上花费同等精力，而是更有策略地取长补短，围绕核心发力，用更少的代价让自己的能力更具有竞争性。

到这一步，能力通过合成已经形成了最初的竞争力，无论这种竞争力的强弱程度如何，剩下的就是不断进化的过程了。

5.2.3　不断进化

在第1章，我们介绍了技术的发展阶段，元宇宙的设想脉络，还有基于智能化所产生的NUI发展趋势。作为一名界面设计师，虽然互联网的红利不再，各种客观因素更是使职场竞争日益激烈，但智能化所带来的新的发展趋势依然是明确的。

曾鸣教授有一个点线面体的理论，梁宁老师在她的课程中也谈到过，就是说个人作为一个点是要附着在更大的线、面或体上的。我们在第1章也谈到过，元宇宙可以看作智能化发展下的一个经济体的诞生，要以原本的界面设计师的身份附着上去，就需要我们补充可以进入这个经济体的知识，AR是一个很不错的切入点。进入这个经济体以后，我们应不断地进化初始核心竞争力，这样即使不小心附着的某条线向下滑了，也可以换一条线继续向上。这样作为个体的我们必有出路，因为我们所在的这个经济体，整体是在向上发展的。

为了匹配智能化发展下的经济体，做到有效地进化，我们应注意两个关键点：第一个是设定目标，第二个是不断迭代。

目标代表了方向，迭代代表了行动。

先说方向。

有一种方法叫作GPS教练技术，主要起源于美国，并在日常生活和心理学的发展过程中形成了一种职业，从业者通过训练激发客户自己去寻求解决办法和对策，帮助客户在生活和工作中获得成长，这是一种新兴的管理和服务技术。GPS就是从我们熟悉的地图导航技术中获得的寓意，是最基础的一种教练方法。

换个角度理解，如果我们要去一个地方，GPS导航系统首先要求我们明确目的地，再根据我们当前所在的位置计算出到达目的地的路线。而大多数情况下，路线绝不止一条，所以关键不是怎么走，而是确定目的地和当前的位置。

你的目的地到底是哪里？当前状态又是怎样的？因为定义不明确，所以我们总有一种困在其中的感觉。如果起点和终点确定，就一定会有不同的方式可以克服障碍，也可以有不同的路径去链接。教练们相信，人最终的表现=潜能-干扰。干扰可能来自外部的困难，也可能来自内部的心态和认知。GPS教练技术如图5-5所示。

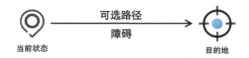

图5-5　GPS教练技术

再说行动。

让行动持续，我们的路径就要具体，每一次迭代的目标设置也要符合SMART原则。

- S（Specific）：具体可操作的，就像导航软件的路径一样，照着路线前进就可以。
- M（Measurable）：可衡量的，你知道什么是达成的、什么是没有达成的，没有模棱两可的成分。
- A（Attainable）：可达到的，不管是跳一跳能达到，还是走一走能达到，总归是你能做到的。
- R（Relevant）：相关的，在这里就是和"AUI设计师的核心竞争力"这件事具有相关性。
- T（Time-bound）：有时限，每个目标都必须有时间期限。

当我们已经确认了核心能力，在"AUI设计师的核心竞争力"这件事上，剩下的就是不断地设定目标并且确定具体迭代的路径，后面我也为大家提供了一些AR界面设计的学习资源及相关软件介绍，供大家参考。

在第三个步骤中，重点已经从发现和思考的层次转变为了行动，怎么行动其实并没有我们想象中那么重要，更重要的是你要开始行动，因为即使前面发现和思考的内容再有价值，没有行动也不会有任何结果。如果不断被行动绊住，也有可能是前面的发现和思考的内容与自身出现了过大的偏移，需要重新回到第一步思考：第三步为什么一直无法行动或行动不停地受阻。

当然，在不断进化的过程中，我们可以根据自己的实际情况和当前的环境，对最初的核心进行调整，以便在下次的迭代中有更好的进化能力。

当通过执行完成了第一次的目标，达成了第一次能力的进化时，我们就可以说通过这个3步循环圈,在AUI设计师核心竞争力上成功地进行了一次闭环。如图5-6所示,每个步骤都指向一个关键动作:确认核心——定位;形成竞争力——合成;设定目标迭代——行动。

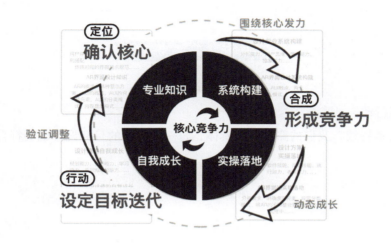

图5-6　以3步循环圈展示设计师的能力构建

了解了3步循环圈的内容,我想说,也许我们追求核心竞争力的真正原因,不是想拥有核心竞争力,更不是想要去竞争,而是期望通过这份力量,让自己始终有不惧怕竞争的底气,以面对如今竞争日益激烈的社会环境。

学习资源

国内对AR界面设计系统学习的内容还是比较少的,大多数关注的还是在行业、技术和产品上面,在以下的学习资源中,我们主要介绍比较有影响力的官方设计指南及AR公众号/视频号资源。

(1)几个比较有影响力的官方设计指南及简介。

• 微软的Hololens设计指南。

来自微软Hololens团队贡献的设计指南是必须首先推荐的,我初入AR行业也是从学习这份文档开始的,至今我认为它也可以称得上是AR领域最全的一份设计指南,虽然整个指南和下面几个指南一样是基于自家产品的设计经验而给出的指导和建议,但真的非常适合在进行行业其他设备AR界面设计时参考。

这份文档不仅提供了一些通用的设计建议,如不要使用过多的字体,也基于Hololens设备提供了一些具体的设计定义,如白色字体表现最为清晰、近距离交互时

Unity里的文本应设置为 9~12 pt，这些定义可以延用在其他光学显示方案的AR设备中。微软Hololens设计指南中的图片示例如图5-7所示。

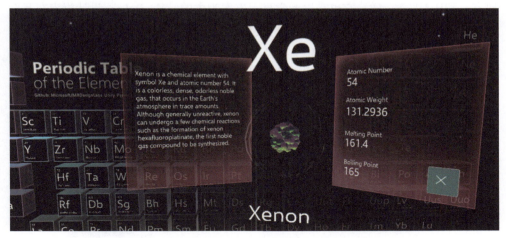

图5-7　微软Hololens设计指南中的图片示例

另外，Hololens设计团队还公开了Hololens2的设计组件文档（Figma），大家如有需要可以从Hololens设计指南的网址中找到地址。Hololens UI设计组件如图5-8所示。

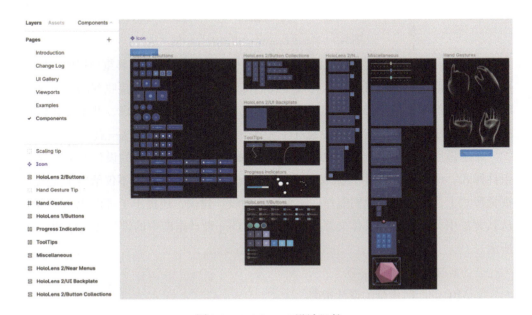

图5-8　Hololens UI设计组件

- Magic Leap 设计指南。

Magic Leap的界面设计对色彩和动效的展示非常棒，有非常多值得学习和参考的地方，和Hololens一样，它也是以光学显示方案为主的。Magic Leap设计指南在我看来算是继Hololens后对AR体验设计贡献比较多的，整个指南的构建也很完整，应该也是为了方便搭建以Magic Leap眼镜为硬件终端的AR应用平台。Magic Leap设计指南图片示例如图5-9所示。

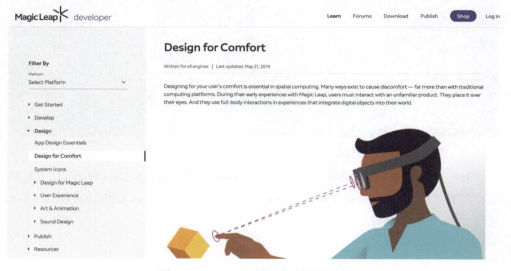

图5-9　Magic Leap设计指南图片示例

Magic Leap设计指南对设计师的建议也很中肯，如里面提到"尊重用户的环境并限制认知负荷"。在信息泛滥的时代，我们每个人在真实环境中接收到的信息已经很多了，叠加虚拟信息后的真实效果如果不经过仔细和妥帖的考虑，并不像我们想象中那么美好。在第3章，我们也通过注意力、视觉特性等探讨过这一点。

在这份用户指南中，同样也基于Magic Leap终端提供了具体的设计方案及界面组件样式。比如，对AR中"抓取和放置"这个常用的功能，指南不仅给出了应该从视觉形式上让用户知道他们能抓取一个物体的设计建议，还提出了可以让一个物体从其背景中突出出来的具体交互方式。Magic Leap设计指南中的设计建议如图5-10所示。

- 谷歌公司的AR设计指南。

① ARCore团队贡献的设计指南。

ARCore设计指南如图5-11所示。

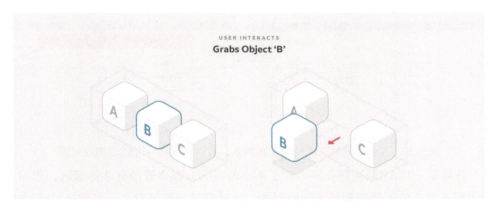

图5-10　Magic Leap设计指南中的设计建议

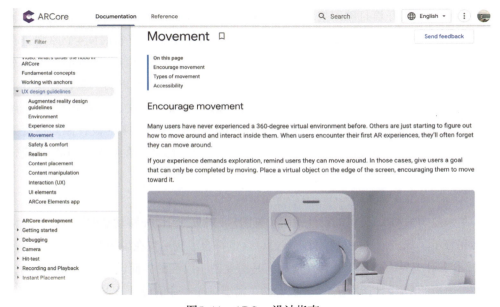

图5-11　ARCore设计指南

Hololens和Magic Leap都是基于使用光学显示方案的AR眼镜终端所给出的设计指南，ARCore的这份设计指南可以说是为基于使用视频显示方案的移动端设备而准备的，里面给出了利用ARCore这个SDK（软件开发工具包）做AR应用的设计指导，从环境、运动、内容、交互、界面元素等不同的角度给出了指导性的建议。对于在安卓手机上做AR应用界面设计的设计师来说，这份设计指南具有非常重要的参考意义。

② 谷歌AR眼镜的设计指南。

谷歌AR眼镜的网页如图5-12所示。

图5-12　左：谷歌第二代AR眼镜的网页；右：谷歌第一代AR眼镜的网页

谷歌第一代AR眼镜在业界掀起了不小的波澜，我也曾经有幸体验过，但后来因为商务模式的不清晰和技术的限制性，这款产品一度沉寂了；谷歌第二代AR眼镜开始主要面向商业用户，并分为设计指南和样式指南两部分，在官网中给出了指导。设计指南开篇打破幻想，建议不要试图用AR眼镜替换手机、平板电脑、计算机中的一些功能，然后对一目了然、及时、易于点击、节省时间4个原则进行了设计建议。样式指南中基于当前产品给出了字体、文案内容、背景的说明，总体来讲内容较少。谷歌第二代AR眼镜的网页中删除了以前给出的一些设计指导，而谷歌第一代AR眼镜网页中的设计指南从原则、界面、样式、风格4个方面介绍了这款眼镜的设计，因此参考的意义更多一些。比如，在原来的设计原则中提到的不要挡道、保持相关性、避免意外、以用户为中心都是现在依然通用的AR设计原则。

- Human Interface Guideline for AR。

苹果公司为ARkit提供的设计指南（见图5-13），相比iOS移动端的设计指南可谓太不完整了，只占据了一页界面。不过，这也符合了我一直在说的AR界面设计只是AR技术下对应界面设计的迁移性应用，是需要基于以往的界面设计知识和经验的，而这份简短的AR设计指南从5个方面归纳了需要重点关注的设计要点。

① 创造引人入胜、舒适的体验。

② 在开始的时候提供使用指导。

③ 帮助用户摆放（虚拟）物体。

④ 与物体的交互需要直观、清晰。

⑤ 提供多用户体验。

其中，一些具体的设计要点和之前其他设计指南也有所重叠，比如第3条提到要让用户知道什么时候在哪里定位和什么时候可以放置物体。用户指导如图5-14所示。

Human Interface Guidelines

Overview Resources Videos What's New

iOS
App Architecture
User Interaction
System Capabilities
Augmented Reality
Home Screen Actions
Multitasking and Multiple Windows
Notifications
Printing
Quick Look
Ratings and Reviews
Screenshots
TV Providers
Visual Design
Icons and Images
Bars
Views
Controls
Extensions
macOS
tvOS
watchOS
Technologies

Augmented Reality

Augmented reality (or AR) lets you deliver immersive, engaging experiences that seamlessly blend virtual objects with the real world. Using the device's camera to present the physical world onscreen live, your app superimposes three-dimensional virtual objects, creating the illusion that these objects actually exist. Depending on the experiences your app offers, people can reorient the device to explore the objects from different angles, interact with objects using gestures and movement, and even join other people in multiuser AR experiences. For developer guidance, see ARKit.

Offer AR features only on capable devices. If your app's primary purpose is AR, make your app available only to devices that support ARKit. If your app includes features that require specific AR capabilities, or if AR features are optional in your app, don't show people an error if they try to use these features on a device that doesn't support them; instead, simply avoid offering the feature on an unsupported device. For developer guidance, see Verifying Device Support and User Permission.

Creating an Engaging, Comfortable Experience

Let people use the entire display. Devote as much of the screen as possible to displaying the physical world and your app's virtual objects. Avoid cluttering the screen with controls and information that diminish the immersive experience.

Strive for convincing illusions when placing realistic objects. Design detailed 3D assets with lifelike textures to create objects that appear to inhabit the physical environment in which you place them. Using information from ARKit, you can scale objects properly and

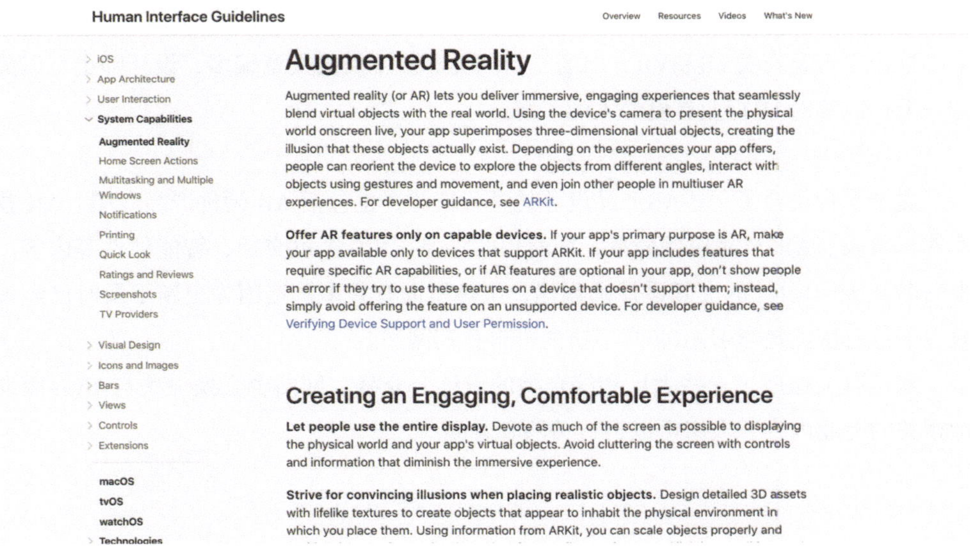

图5-13 苹果公司为ARkit提供的设计指南

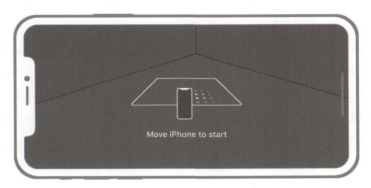

图5-14 用户指导

（2）文章集合。

- Meduim上的Inborn Experience（UX in AR/VR）。

这个平台集合了一些与AR相关的设计文章，可以关注和参考。

- 未来交互趋势。

公众号和视频号都有，偏向设计。公众号的主要推文集中在一些前沿案例的设计方法介绍上，视频号聚焦在概念性的设计上，可以获得很多创意启发。

- 三次方AIRX。

因为这个平台是有关产品技术设计方向的，所以会有很多技术类和新闻类的文章，我更推荐视频号，因为在视频号中可以看到许多小案例，对于设计来说更有用。

- 青亭网。

这个平台是有关AR和VR方向的，新闻类和技术类的文章偏多，设计师也可以关注一下，能够对AR行业有更深入的了解。

- iAR Design网页。

这个平台集合了一些AR产品设计的学习资源，也包括 AR 硬件产品介绍、AR 技术知识普及、AR 产品应用分享，同时也会涉及 VR、人机交互、智能硬件等内容。由一名从事AR设计的交互设计师创建，虽然里面有很多链接因为更新不及时已经失效，不过它依然是学习AR非常不错的资料查询网站。

除了以上这些，一些大厂和综合类的设计公众号、网站也会发一些与AR界面设计相关的专业内容，大家可以自行关注和查阅。

软件技能

在软件技能上，做AR界面设计其实和做其他界面设计并没有什么不同，根据个人的风格和岗位要求选择自己觉得适合的就好，我在这里简单介绍几种常用的。

- Omnigraffle。

Omnigraffle是产品或交互设计师绘制原型的一款桌面软件，由Omni Group研发，功能与Axure类似。我个人觉得它绘制交互图的使用体验比Axure更好一些。它自带谷歌的图标和OS这种系统的一些UI套件模板，也可以自己把常用的内容制作成模板，以便后续调用。而且，它支持多种格式输出，适用的范围更广。其缺点是只支持OS平台，没有Windows版本。Omnigraffle软件界面如图5-15所示。

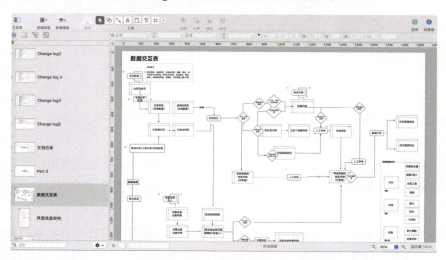

图5-15　Omnigraffle软件界面

- Sketch。

替代了老牌劲旅Photoshop的Sketch软件虽然被Figma分了一杯羹，但至今依然是UI/UX圈内非常流行的一款软件，现在已经迭代到可以做简单的交互原型了。它的组件功能也很完善，从颜色变量到图层、文本样式、图形样式等都可以支持。其缺点依然是只支持OS平台，没有Windows版本，而且其开发团队也公开表示没有考虑过Windows版本的研发。Sketch软件界面如图5-16所示。

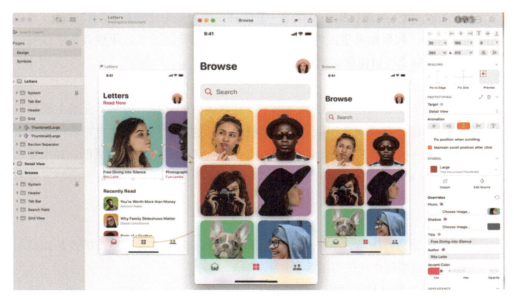

图5-16　Sketch软件界面

- Figma。

既然介绍了Sketch，就继续来介绍一下最近两三年分了Sketch一杯羹的Figma软件。它和Sketch最大的区别就是没有桌面版，是网页版即开即用的软件，比Sketch更早支持线上同步和交互原型功能。现在很多国外的设计团队在使用这款软件。不过可能因为服务器在国外的原因，偶尔会有打不开的情况。两年前我本来想使用Figma，就是被这种情况狠狠地打击了，因此还是老老实实地继续使用Sketch。

- Photoshop。

这是Adobe公司旗下的软件，可以说最早它和公司旗下的几款软件一起垄断了设计圈，Photoshop是早期的界面设计师常用的设计工具，至今依然还有不少同行在使用，至少在Windows桌面软件里还没有能够替代的产品。即使被Sketch挤出主流UI软件的行列，在OS这种系统中Photoshop也有它的一席之地，暂时没有其他软件可以媲美它图片处理的专业功能。在进行AR界面设计时需要用到的一些效果图，其制作依然需要依靠Photoshop。

- Illustrator。

这是Adobe公司旗下另一款很有名的软件，用于矢量图形处理。矢量图的好处是放大后不会模糊。一般来讲，处理以印刷为目的的图像会使用这款软件，因为它在印刷色彩显示上和屏幕色彩有所不同，所以界面设计师一般用得比较少。

- After Effect。

这是Adobe旗下可进行视频制作的一款软件。因为是专业的视频制作软件，所以功能非常齐全。如果你希望在界面设计中表现一些高阶的动态效果或者要求很高的高保真原型，那么可以使用这款软件制作。

- 剪映专业版。

因为提到了视频制作，所以也介绍一下这款国内的软件。剪映专业版主要定位为制作运营视频，有桌面应用版本供计算机使用。这款软件的一些自带效果也可以用来快速制作一些简单常见的UI动效，比After Effect花费的制作成本更低。如果要求不高又对After Effect不感兴趣，类似的国内视频剪辑软件还有迅捷视频编辑、爱剪辑等。

- 产品原型制作软件。

除了前面提到的Omnigraffle、Sketch、Figma和Axure都支持可点击的产品原型制作，还有很多原型制作软件可以学习。

Flinto：针对移动软件的原型制作工具，无须代码基础，支持Figma和Sketch导入和同步。该软件仅支持macOS和iOS这两种系统。

Invison Studio：支持桌面软件和移动软件的原型制作工具，同样无须代码基础，支持Sketch导入。该软件仅支持OS这种系统。

Framer：相比以上两个软件，其功能更强大，但上手难度也更大，要求有代码基础。目前有3个版本，Framer Classic可结合CoffeeScript语言进行高保真原型的制作，FramerX和它的网页版，是以React代码框架为基础的高保真原型工具。同样地，软件也仅支持OS这种系统。

慕客RP：国内团队推出的中高保真原型制作工具，无须代码基础。Web版即开即用，Windows系统可用。

产品原型制作软件除了上述这些还有很多，大家可以按需选用。现有的这些产品原型制作软件因为都是基于屏幕UI的设计场景来做的，所以在AR界面设计的时候由于真实元素和三维空间的介入，效果就不一定那么"高保真"了。

部分产品原型制作软件的界面如图5-17所示。

图5-17　左：Flinto；中：Invision Studio；右：Framer

- Unity 3D。

Unity 3D最初是一款跨平台的2D、3D游戏开发引擎，目前很多VR和AR的应用都是通过它来开发的。Unity的官方手册里给出了这款软件的使用说明，虽然主要针对研发，但它对摄像机机位、光照、材质等与Unity的使用相关的视觉因素，以及质量、重力和碰撞带来的3D物理系统运动等内容的介绍，都可以给AUI设计师一些启示。毕竟，要做好触点的设计，基本的研发知识是需要去了解的，这有助于我们理解AR应用的机器模式。如果设计师有三维设计能力，就可以进一步深入，因为在Unity中也可以对三维内容进行材质、灯光、动画、特效、渲染和场景等方面的编辑和整合，实现和研发无缝对接。Unity 3D软件的界面如图5-18所示。

图5-18　Unity 3D软件的界面

- 3D制作软件。

Cinema 4D、3D Max、Rhino、Sketch UP等，这些都是比较常见的桌面三维软件，

建议大家根据自己的核心能力和目标要求来确认是不是需要去深入学习和掌握。AR界面设计中拥有3D思维能力是基础，3D制作软件的学习和掌握则因人而异。

除了这些比较专业的桌面软件，三维制作行业也有一些Web端的简单软件（见图5-19）开始出现，大家如有兴趣可以去试用。

图5-19　3D Web 设计工具Spline（左）；3D Web设计工具Vectary（右）

关于软件技能，我还是那句话"它只是我们实现设计的手段和工具"。如果在你的核心竞争力不断迭代的过程中发现确实缺少这些技能了，那么可以通过现有的许多软件教程和书籍去学习和实践，但切忌贪多。

参考文献

[1] 方凌智，沈煌南. 技术和文明的变迁——元宇宙的概念研究[J]. 产业经济评论，2022.

[2] 方兴东，钟祥铭，彭筱军. 全球互联网50年：发展阶段与演进逻辑[J]. 新闻记者，2019（7）：22.

[3] 尼尔·斯蒂芬森，雪崩[M]. 郭泽，译. 成都：四川科学技术出版社，2018.

[4] 赛雷三分钟. 全网都在玩赛博朋克2077，可你们知道什么是赛博朋克吗？[Z/OL]. [2020-12-16]. Bilibili.

[5] 左鹏飞. 元宇宙是未来还是骗局？[EB/OL]. [2021-09-23]. 新京智库.

[6] 北京大学学者发布元宇宙特征与属性START图谱[EB/OL]. [2021-11-19]. 光明网.

[7] 佚名. 元宇宙原来是个伪命题[Z/OL]. [2021-11-24]. 睿财经.

[8] 刘革平，王星，高楠，等. 从虚拟现实到元宇宙：在线教育的新方向[J]. 现代远程教育研究，2021，33（6）：6.

[9] 喻国明. 未来媒介的进化逻辑："人的连接"的迭代，重组与升维——从"场景时代"到"元宇宙"再到"心世界"的未来[J]. 新闻界，2021，10：54-60.

[10] 王文喜，周芳，万月亮，等. 元宇宙技术综述[J]. 工程科学学报，2022，44（4）：744-756.

[11] Zaker 元宇宙究竟会怎么改变世界？[Z/OL]. [2021-10-20]. ZAKER公众号.

[12] Zhao Y，Jiang J，Chen Y，et al. Metaverse：Perspectives from graphics，interactions andvisualization[J]. Visual Informatics，2022.

[13] UserTesting. UI vs. UX：What's the difference between user interface and userexperience？[Z/OL]. [2018-10-16]. UserTesting.

[14] Alan Cooper，Robert Reimann，David Cronin，等. About face4：交互设计精髓[M]. 倪卫国，刘松涛，薛菲，等译. 北京：电子工业出版社，2015.

[15] Norman，D. Cognitive engineering. In D. A. Norman and S. W. Draper （Eds.），User centered system design[M] Mahwah，NJ：Erlbaum，1986.

[16] D Wigdor，D Wixon. The Natural User Interface–Chapter 2[C]// Ifip Tc 13 International

Conference on Human–computer Interaction. Berlin：Springer–Verlag, 2011.

[17] Azuma R. A survey of augmented reality，Presence[J]. Teleoperators and Virtual Environments，1997，6.

[18] Milgram P，F Kishino. A Taxonomy of Mixed Reality Visual Displays[J]. IEICE Transactions on Information and Systems，1994，vol. E77–D, no.12（12）：1321-1329.

[19] 汇丰全球研发中心，Virtual Reality：hitting its stride[EB/OL]. [2021–11]. 汇丰集团网.

[20] 李琨. 一文看懂主流AR眼镜的核心显示技术光波导（完整篇）|Rokid技术丛林[Z/OL]. [2019–07–11]. 搜狐网.

[21] 罗颖灵. 智能化时代的AUI设计解析[J]. 工业设计研究，2019（1）：7.

[22] 百度百科. 视场角[Z/OL]. 百度.

[23] 张雷，杨勇，赵星. 多级投影式集成成像三维显示的视场角拓展[J]. 光学精密工程，2013，21（1）：1–6.

[24] Youga. 人眼视觉能力[Z/OL]. [2019]. VRUI library.

[25] 陈凯文. 戴上头显就想吐？虚拟现实晕动症还有救么？（翁冬冬演讲稿整理）[Z/OL]. [2016–03–12]. 深圳湾.

[26] 李平，丁莉. 色彩构成、概念、应用与赏析[M]. 2版. 北京：人民邮电出版社，2019.

[27] Hollnagel E，Woods D D. Joint cognitive systems：Foundations of cognitive systemsengineering[M]. Boca：Raton CRC press，2005.

[28] 杰西·詹姆斯·加勒特. 用户体验要素：以用户为中心的产品设计[M]. 范晓燕，译. 北京：机械工业出版社，2019.

[29] 史蒂芬·平克. 白板：科学和常识所揭示的人性奥秘[M]. 袁冬华，译. 杭州：浙江人民出版社，2016.

[30] 史蒂芬·平克. 心智探奇：人类心智的起源与进化[M]. 郝耀伟，译. 杭州：浙江人民出版社，2016.

[31] 吴军. 硅谷来信2：谷歌方法论[Z/OL]. [2017–11–27]. 得到App课程.

[32] 虹科干货. 揭秘AR眼镜中的光学技术[Z/OL]. [2021–10–09]. CSDN网.

[33] 青亭网. 为什么说AR头显并非FOV越大体验感越好？[Z/OL]. [2019–10–12]. 百家号.

[34] TMDBug. 什么是TOF摄像机[Z/OL]. [2020-03-25]. 知乎.

[35] 大眼看科技. 详解三自由度（3dof）和六自由度（6dof）之间的区别以及为何他们如此重要[Z/OL]. [2020-09-16]. 搜狐网.

[36] 方元明科技. 3DoF、6DoF、9DoF分别是什么？[Z/OL]. [2021-09-03]. 搜狐网.

[37] 毛世杰. 联想未来云课堂：打开智慧之眼[Z/OL]. （2020-03-13）[2020-03-14]. 联想上研公众号.

[38] 百度百科·心智[Z/OL]. 百度.

[39] 唐纳德·A.诺曼. 设计心理学[M]. 北京：中信出版社，2003.

[40] 理查德·格里格，菲利普·津巴多. 心理学与生活（19版）[M]. 王垒，等译. 北京：人民邮电出版社，2016.

[41] 丹尼尔·卡尼曼. 思考，快与慢[M]. 胡晓娇，李爱民，何梦莹，译. 北京：中信出版社，2012.

[42] Susan Weinschenk. 设计师要懂心理学[M]. 徐佳，马迪，余盈亿，译. 北京：人民邮电出版社，2013.

[43] 布里奇特·罗宾逊-瑞格勒，格雷戈里·罗宾逊-瑞格勒. 认知心理学[M]. 凌春秀，译. 北京：人民邮电出版社，2020.

[44] Susan Weinschenk. 设计师要懂心理学2[M]. 徐佳，马迪，余盈亿，译. 人民邮电出版社，2013.

[45] Cowan N. The magical number 4 in short-term memory：A reconsideration of mental storage capacity[J]. Behavioral and brain sciences，2001，24（1）：87-114.

[46] 丁锦红，张钦，郭春彦，等. 认知心理学[M]. 2版. 北京：中国人民大学出版社，2014.

[47] 印迹. 优设：近万字干货！带你全面了解格式塔原则[Z/OL]. [2020-09-02]. 优设网.

[48] 卜噪大仙. 简书：【交互】法则的力量（三）：格式塔原则②主体-背景关系/相似原则[Z/OL]. [2019-10-07]. 简书网.

[49] 戴维·迈尔斯. 社会心理学（11版）[M]. 侯玉波，乐国安，张智勇，等译. 北京：人民邮电出版社，2019.

[50] Tractinsky N, Katz A S, Ikar D. What is Beautiful is Usable[J]. Interacting with Computers，2000.

[51] Wang Y D, Emurian H H. An overview of online trust：Concepts, elements, and

implications[J]. Computers in human behavior, 2005, 21（1）：105–125.

[52] 罗伯特·B 西奥迪尼. 影响力（经典版）[M]. 闾佳, 译. 北京：北京联合出版公司, 2016.

[53] Giles Colborne. 简约至上·交互式设计四策略[M]. 李松峰, 秦绪文, 译. 北京：人民邮电出版社, 2011.

[54] 玛格丽特·马特林. 认知心理学：理论、研究和应用[M]. 李永娜, 译. 北京：机械工业出版社, 2016.

[55] 李彦宏. 智能革命：迎接人工智能时代的社会、经济与文化变革[M]. 北京：中信出版集团, 2017.

[56] Woods D, Hollnagel E. Joint Cognitive Systems[M]. Boca Raton, FL：Taylor&Francis Group, 2006.

[57] Schewe F, Vollrath M. Ecological interface design effectively reduces cognitive workload – The example of HMIs for speed control[J]. Transportation research part F：traffic psychology and behaviour, 2020, 72：155–170.

[58] 联想. 联想AR技术震惊台湾榨菜哥：黑科技竟然用来造大飞机！[Z/OL]. [2019-10-11]. 搜狐网.

[59] 卡洛·罗韦利. 现实不似你所见[M]. 杨光, 译. 长沙：湖南科学技术出版社. 2017.

[60] 百度百科·核心竞争力[Z/OL]. 百度.

[61] G先生. 什么是个人核心竞争力？[Z/OL]. [2020-03-23]. 知乎.

[62] 罗伯特·迪尔茨. 语言的魔力：谈话间转变信念之NLP技巧[M]. 谭洪岗, 译. 北京：世界图书出版公司, 2008.

[63] 米哈里·契克森米哈赖. 心流：最优体验心理学[M]. 张定绮, 译. 北京：中信出版社, 2017.

博文视点好书分享

《About Face 4: 交互设计精髓》
作 译 者：倪卫国 刘松涛 薛菲 杭敏

◎ 交互设计先驱之作+VB之父经典著作
◎ 20余年影响力延续大作

《用户体验度量：收集、分析与呈现》
作 译 者：周荣刚 宪刚

◎ 用户体验界的数据分析圣经
◎ 量化用户体验，是提升产品质量的重要因素

《设计心理学》
作 者：戴力农

◎ 原班人马！《设计调研》姊妹篇来了
◎ 产品创新设计的底层引擎
◎ 切合国内设计实情

《设计调研(第2版)》
作 者：戴力农

◎ 设计调研畅销图书经典升级
◎ 大数据时代设计师必备技能训练手册

反侵权盗版声明

电子工业出版社依法对本作品享有专有出版权。任何未经权利人书面许可，复制、销售或通过信息网络传播本作品的行为；歪曲、篡改、剽窃本作品的行为，均违反《中华人民共和国著作权法》，其行为人应承担相应的民事责任和行政责任，构成犯罪的，将被依法追究刑事责任。

为了维护市场秩序，保护权利人的合法权益，我社将依法查处和打击侵权盗版的单位和个人。欢迎社会各界人士积极举报侵权盗版行为，本社将奖励举报有功人员，并保证举报人的信息不被泄露。

举报电话：（010）88254396；（010）88258888

传　　真：（010）88254397

E-mail：　dbqq@phei.com.cn

通信地址：北京市万寿路 173 信箱
　　　　　电子工业出版社总编办公室

邮　　编：100036